“无废城市”百问百答

石海佳 杜建伟 温 勇 刘晓文 等/编著

中国环境出版集团·北京

图书在版编目（CIP）数据

“无废城市”百问百答 / 石海佳等编著. -- 北京 : 中国环境出版集团, 2024. 12. -- ISBN 978-7-5111-5936-6

Ⅰ. X705-44

中国国家版本馆CIP数据核字第2024ZL3753号

责任编辑 董蓓蓓
装帧设计 宋　瑞

出版发行 中国环境出版集团
（100062　北京市东城区广渠门内大街16号）
网　　址：http://www.cesp.com.cn
电子邮箱：bjgl@cesp.com.cn
联系电话：010-67112765（编辑管理部）
发行热线：010-67125803，010-67113405（传真）
印装质量热线：010-67113404
印　　刷 北京中科印刷有限公司
经　　销 各地新华书店
版　　次 2024年12月第1版
印　　次 2024年12月第1次印刷
开　　本 880×1230　1/32
印　　张 8.75
字　　数 190千字
定　　价 52.00元

编委会

主　　编： 石海佳　杜建伟　温　勇　刘晓文

副 主 编： 卞国建　王亚红　项　赟　张明杨　杨子仪　庄志鹏

编写成员： 王湘茹　熊涵磊　彭香琴　王树宾　刘晓龙　胡小英　黄凯华　林民松　郑泽斌　檀　笑　韩伟江　蔡　彬　任婷艳　奚　蓉　贺　框　温晓晴　段振菡　李莎莎　童立志　江　占　郑凯旋　李义豪　刘宇波　钟桦琦

序

我国是人口大国，必然也是固体废物产生大国。我国目前各类固体废物累积堆存量达600亿～700亿t，年产生量近100亿t，且呈现逐年增长态势。如不进行妥善处理和利用，将对资源造成极大浪费、对环境造成严重污染、对社会造成恶劣影响。“固体废物是放错位置的资源”，资源的循环利用水平，是社会进步程度的重要标志之一。

党的十九大报告指出，要“建立健全绿色低碳循环发展的经济体系”。党的二十大报告进一步提出，要“实施全面节约战略，推进各类资源节约集约利用，加快构建废弃物循环利用体系”。循环经济又称“4R”经济：Reduce（减量）、Reuse（再利用）、Recycle（再循环）、Remanufacture（再制造）。显然，固体废物资源化利用是循环经济的典型内涵。固体废物的减量化和资源化利用水平是表征一个地区生态文明建设水平的指标，也是推进治理能力现代化和提高公民素质的一个具体而有力的抓手。可持续发展的社会要从一个吞噬资源的消耗体，变为一个将消耗转化为资源的循环体，这个“变”是社会的核心能力之一，是拥有未来的战略制高点。

在全国范围推进固体废物资源化利用，显然需要长期艰巨的努力。为了逐步推进这一工作，我所在的研究团队于2017年向党中央、国务院上报了《关于通过“无废城市”试点推动固体废弃物资源化利用，建设“无废社会”的建议》和《关于建设“无废雄安新区”的几点战略建议》，国家对此高度重视。建设“无废社会”是经济社会发展的一项基础性工作，是解决新时期社会主要矛盾的重要举措，是生态文明建设的内在要求，是实施乡村振兴战略的有力抓手，是实现现代化的一个必备标志。

“无废社会”是通过创新生产和生活方式，以及构建固体废物分类资源化利用体系等手段，动员全民参与，从源头对废物进行减量和分类，并将产生的废物通过分类资源化充分甚至全部进行再生利用，从而在整个社会建立良好的废物循环利用体系，实现资源、环境、经济和社会共赢。“无废城市”建设试点是建设“无废社会”的第一步。“无废城市”是通过推动形成绿色发展方式和生活方式，持续推进固体废物源头减量和资源化利用，最大限度减少填埋量，将固体废物环境影响降至最低的城市发展模式。

中央全面深化改革委员会及时将“无废城市”建设试点列入2018年工作，经生态环境部牵头编制，国办印发了《“无废城市”建设试点工作方案》，并专门提出了“无废雄安”建设的要求。2019年5月，全国首批“11+5”个“无废城市”建设试点工作全面启动。“十四五”期间，全国113个地级及以上城市和 8 个特殊地区扎实推进“无废城市”建设，计划建设 3 700 余项工程项目，投资超过 1 万亿元，浙江、重庆等 20 多个省级行政区积极推进全域“无废城市”建设。

建设“无废城市”的潜在效益巨大。预计到 2030 年，我国固体废物分类资源化利用的产值规模将达到 7 万亿～ 8 万亿元，带动 4 000 万～ 5 000 万个就业岗位。“无废城市”建设不仅仅有显著的经济效益，社会效益同样突出。一是有利于社会安定和公民健康，从根本上解决垃圾污染带来的社会冲突特别是邻避效应，使公民有美好环境的获得感；二是提高公民素质，养成垃圾分类等良好的生活习惯和善待自然、节约资源的行为意识；三是改进社会治理，通过“无废细胞”的点滴积累，聚沙成塔，共同推动人与自然和谐共生的现代化。从“无废城市”推进过程中存在的诸多难点来看，让公众逐步实现观念上转变，主动践行“无废”理念，身体力行落实到垃圾分类等日常生活习惯之中，需要科普教育的春风化雨。

生态环境部华南环境科学研究所首席科学家温勇同志的团队编制了《“无废城市”百问百答》，精心挑选了一百六十多个问题，涵盖了“无废城市”的概念、政策、技术、公众参与及实践案例等多个方面，旨在为读者朋友们提供一本全面、系统了解“无废城市”的科普读物。这些问题的解答，不仅是现有科学研究和国内外广泛实践经验的体现，也融入了对“无废城市”建设未来发展路径的思考。

建成“无废城市”需要长期的努力，任重道远，但行则将至。我相信，通过阅读这本书，读者朋友们能够更加深入地理解“无废城市”的理念，了解相关的知识和技能，从而在各自的领域和生活中，为建成“无废城市”贡献力量。由“无废城市”走向“无废社会”是美丽的事业，更是艰巨的事业，会碰到多重困难：技术的、资金的、管理的、社会的……涉及深层次的社会变革和社会进步。走向“无废社会”需要一大批人有足够的思想准备，去克服各种困难，付出心血与智慧，坚持不懈地努力奋斗。我期待与各位读者朋友携手努力，共建美丽家园！

杜祥琬

中国工程院原副院长、院士

“无废城市”建设试点咨询专家委员会主任委员

前言

废物是人类社会经济活动中未被转化成为实体产品或丧失原有利用价值而被废弃的物质，也被称为放错位置的“资源”。如何实现废物的减量化、资源化、无害化，一直是环境保护和绿色转型的核心议题之一。由于废物储运交易成本和利用路径及价值的时空客观条件限制，加之技术问题、经济问题、管理问题盘根错节，全社会必须勠力同心、统筹施策、因地制宜，方可实现物尽其用、归其当归、免其所害。作为人类文明的空间聚集主要形态，城市无疑是废物综合治理的最佳实践尺度，我国生态文明建设事业发展至今，固体废物治理已经成为制约美丽中国建设的关键瓶颈之一，由此，“无废城市”应运而生，“无废城市”建设势在必行。

自2018年年底全国开展“无废城市”建设试点以来，各地实践风起云涌，特色经验模式更是层出不穷。“十四五”时期，进入全国建设名单的城市和地区已经达到“113+8”个，东部沿海省份基本实现全域推进“无废城市”建设，中西部地区

“无废城市”建设有望在“十五五”“十六五”时期陆续启动、全面开展。“无废”理念已经在社会各界落地生根，渐成燎原之势。

却顾所来径，苍苍横翠薇。“无废城市”从试点逐步走向全国，这是美丽中国建设的大势所趋，但道阻且长，绝非一日之功可成。为加大“无废城市”建设的宣传力度，更好地引导社会各界支持、参与、主导“无废”实践，生态环境部华南环境科学研究所（以下简称“华南所”）作为全国首批“无废城市”建设试点的技术帮扶支撑单位之一，在温勇首席科学家的组织下，编撰出版《“无废城市”百问百答》。本书从“无废城市”的基本概念，固体废物的产生、环境影响与危害，“无废城市”的技术体系、市场体系、制度及管理体系，公众参与，国内外“无废城市”建设典型实践和建设展望等八个方面，通过共计165个问题全面介绍了“无废城市”相关知识，采用一问一答和图文并茂的形式，力争将专业知识以通俗易懂的表达方式进行阐述，以期帮助公众了解相关基础知识，提高公众“无废”知识水平，唤起公众参与“无废”实践的热情；同时，本书也可供深度参与“无废城市”产业及管理的人员参考。

本书在华南所刘晓文副所长的领导下，由温勇、杜建伟等固体废物治理领域资深专家全程主持编著，石海佳、王亚红、项赟、张明杨、卞国建、杨子仪、庄志鹏等同事为本书重点章节的编写和审校统稿工作付出了大量辛勤劳动。本书在编著过程中引用了部分循环经济、清洁生产和固体废物治理领域相关科研、科普工作者已经发表出版的成果资料，得到了中国环境出版集团的董蓓蓓编辑、插图师王新龙老师和胡凯丽老师的大力支持，在此谨向为本书编著和出版提供材料和帮助的所有人士表示衷心的感谢！

限于编著者水平，书中难免存在差错纰漏之处，热忱欢迎广大读者朋友们批评指正，以匡不逮。

《"无废城市"百问百答》编写组

2024 年 6 月

目录

第一部分

第八部分

第一部分

“无废城市”的基本概念

01 什么是“无废城市”？

答：目前世界范围内最广为传播并引用的“无废”的定义是无废国际联盟给出的：“无废”是一个符合伦理、经济、高效和富有远见的目标，它引导人们改变生活方式和行为模式，以模拟可持续的自然循环模式，让所有废弃物都成为可循环再利用的资源。“无废城市”是一种废物管理的城市发展模式，也是一种先进的城市管理理念。它是以创新、协调、绿色、开放、共享的新发展理念为引领，通过推动形成绿色发展方式和生活方式，持续推进固体废物源头减量和资源化利用，最大限度减少填埋量，将固体废物环境影响降至最低的城市发展模式。“无废城市”建设的远景目标是最终实现整个城市固体废物产生量最小，资源化利用充分和处置安全。

02 “无废”的理念是什么？

答：“无废”的核心理念认为废弃物是潜在的资源，其重新定义了废弃物的价值，核心目标是全方位削减废弃物，做好废物管理中的风险控制，实现包括填埋、焚烧及直接排放等途径在内的最终废弃量的最小化或近零。具体而言，“无废”并不是没有固体废物产生，也不意味着固体废物能完全资源化利用，而是指以新发展理念为引领，倡导通过设计和管理产品及其生产工艺，通过负责任地生产、消费、再利用和回收产品、包装及材料的方法，系统性地节约和保护所有资源、减少甚至避免废弃物的产生及毒性，避免通过燃烧或填埋方式处置废物，进而消除废弃物排放对地球、人类、其他动物或植物构成的威胁。

03 为什么要建设“无废城市”？

答：我国是世界上固体废物产生量最大的国家之一，每年新增固体废物 100 多亿 t，历史堆存总量高达 600 亿～ 700 亿 t，占地面积超过 200 万 hm^2，部分地区“垃圾围城”现象非常突出。固体废物产生量大、堆存量高、利用不畅、非法转移倾倒、处置设施选址难等问题日益严峻，不仅浪费资源、占用土地，而且存在严重的环境和安全隐患，危害生态环境和人体健康。总体而言，固体废物治理现状与人民日益增长的优美生态环境需要还有较大差距，已经成为民心之痛、民生之患，影响了经济社会的可持续发展。为了弥合环境质量现状与人民对优美自然环境需求之间的差距，“无废城市”建设被提上议程。

国务院各相关部门以大宗工业固体废物、主要农业固体废物、生活垃圾和建筑垃圾、危险废物为重点，围绕加强固体废物分类处置，促进减量化、资源化、无害化方面开展了大量的试点工作，取得了积极成效，为在区域层面系统开展“无废城市”建设试点奠定了良好的基础。

“无废城市”建设有利于深化固体废物管理制度改革，探索建立长效体制机制。长期以来，我国固体废物减量化、资源化和无害化的制度设计和实施的刚性不足，激励与约束机制不完善。推进“无废城市”建设，是从城市整体层面继续深化固体废物综合管理改革的重要措施，为探索建立分工明确、相互衔接、充分协作的联合工作机制，加快构建固体废物源头产生量最少、资源充分循环利用、非法转移倾倒排放量趋零的长效体制机制提供了有力抓手。

“无废城市”建设有利于加快城市发展方式转变，推动经济高质量发展。固体废物问题本质是发展方式、生活方式和消费模式问题。城市是现代经济发展的主要载体，是固体废物问题解决方案的重要提供者和执行者。当前，部分地区在城市规划、产业布局、基础设施建设方面，对于固体废物减量、回收、利用与处置问题重视不够、考虑不足，严重影响城市经济社会可持续发展。在城市层面加强固体废物综合管理的统筹协调，既符合固体废物处置的技术经济特点，也与我国当前的行政管理体制密切相关，这也是在城市层面贯彻“无废”理念的现实需要。推进“无废城市”建设，使提升固体废物综合管理水平与推进城市供给侧改革相衔接，与城市建设和管理有机融合，将推动城市加快形成节约资源和保护环境的空间格局、产业结构、工业和农业生产方式、消费模式，提高城市绿色发展水平。

“无废城市”建设有利于解决城市固体废物污染问题，提高人民群众对生态环境质量改善的获得感。“无废城市”建设将引导全社会减少固体废物产生，提升城市固体废物管理水平，加快解决久拖不决的固体废物污染问题，不断改善城市生态环境质量，增强民生福祉。

“无废城市”建设试点工作是我国固体废物领域生态文明体制改革的一个重要组成部分，旨在集成党的十八大以来固体废物领域生态文明改革成果，进一步深化探索建立分工明确、相互衔接、充分协作的联合工作机制，探索建立固体废物源头产生量最少、资源充分循环利用、非法转移倾倒排放量趋零的长效体制机制，促进城市绿色发展转型，提高城市生态环境质量，提升城市宜居水平，为进一步深化固体废物综合管理改革积累宝贵经验，为推进固体废物领域治理体系和治理能力现代化奠定坚实基础。

04 首批“无废城市”建设试点都有哪些城市和类型？

答：2019 年年初，生态环境部组织各省（区、市）推荐“无废城市”候选城市，会同相关部门综合考虑候选城市政府积极性、代表性、工作基础及预期成效等因素，筛选确定了全国首批 16 个“无废城市”试点，包括广东省深圳市、内蒙古自治区包头市、安徽省铜陵市、山东省威海市、重庆市

（主城区）、浙江省绍兴市、海南省三亚市、河南省许昌市、江苏省徐州市、辽宁省盘锦市、青海省西宁市 11 个城市，并将河北雄安新区、北京经济技术开发区、中新天津生态城、福建省光泽县、江西省瑞金市作为 5 个特例，参照“无废城市”建设试点一并推动。试点城市类型包括区域中心城市、资源工业城市、制造工业城市、生态旅游城市、农业县市、经济开发区、生活社区、新型城市等。

05 “无废城市”的建设要点是什么？

答：“无废城市”建设是一个长期的探索过程，需要试点先行，先易后难，分步推进。需要处理好“无废城市”建设试点与城市经济社会发展规划的关系，与城市建设运营的关系，与其他正在开展的相关试点的关系。其核心是通过深入开展“无废城市”建设试点工作，积极探索各类固体废物源头减量、资源利用、无害化处置体制机制、技术路线、商业模式等，构建制度体系、技术体系、市场体系和监管体系。“无废城市”的建设过程，既需要国家层面和省级层面的宏观指导，又需要在城市层面结合本地实际和特色，勇于开拓创新。要取得成功，首先要看城市党委、政府的积极性，是否真正重视建设工作，能够调动各方积极参与建设工作；基础在于是否能因地制宜、科学编制高质量的实施方案；最根本的一点在于政府是否能够一以贯之抓好方案实施工作。

“无废城市”到底怎么建？建设“无废城市”的过程是开放式且具有探索性的，每个城市的情况不同，问题更不同，要解决“城市痛点”“固体废物管理难点”“垃圾围城”“邻避效应”等难点，并且在探索过程中积累经验。“无废城市”建设应包括以下要点。

要点一：融合。

“无废城市”建设一定要上升到城市层面，与“城市体系”高度融合。要与城市发展融合，不仅需要调查统计并追溯固体废物产排情况，更需要结合城市发展定位、涉固产业发展方向、农业种植结构调整、城镇化发展趋势、常住人口与流动人口变化情况等，识别今后一段时期固体废物问题和管理的重点，实现“系统化、精准化”施策。要与城市规划高度融合，不仅要将“无废城市”建设的相关举措融入城市总体规划、各专项规划、实施方案、工作计划中，更要通过“无废城市”建设影响城市相关规划和工作计划的制定与实施。例如，城市规划要充分考虑产生大宗固体废物的工业园区，资源循环产业园，静脉产业园，危险废物处理处置中心，以及水泥厂、砖厂等固体废物消纳场所的布局与选址，尽可能扩大固体废物资源化与最终处置设施覆盖范围，减少运输半径，使城市固体废物得到充分安全的运输与处置，降低风险。

要与城市建设及运维融合，将生活垃圾、餐厨垃圾收集转运与处理处置设施等“无废城市”设施建设项目作为城市基础设施建设项目予以推进，并充分考虑采取能够有效保障项目可持续运营的运作模式，防范项目风险，避免出现“烂尾”。可根据项目自身特点采取特许经营、政府和社会资本合作、委托运营等模式，但无论哪种方式，均需充分考虑项目的投资回报机制，确保社会资本的合理收益；并建立按效付费和监督考核机制，强化项目运营维护效果的重要性。要与城市管理与治理融合，“无废城市”建设不仅是固体废物的管理能力建设，更是政府城市管理和多元参与城市治理的新策略。

“无废城市”建设应建立以政府主要负责人为主要领导的工作推进组，制定可操作的、分部门的、实施路线清晰的整体实施方案，需要生态环境、工信、发改、住建、城管、农业农村等各部门分工协作、联动配合。同时“无废城市”建设需要多元参与，要创新机制体制，促进政府、企事业单位、社区居民、村集体、农户等围绕“无废城市”建设同一个目标，共同奋斗。

要点二：协同。

城市固体废物来源广泛，处理处置系统包括源头减量、分类回收、收集运输、资源化利用、无害化处置等诸多环节，各个环节相互衔接、分工明确，共同组成了一个复杂系统，因此，“无废城市”建设的要点之一就是系统协同治理。系统协同主要体现在相同属性的固体废物协同处置、企业内部或者企业间上下游协同利用、区域内区域间协同消纳、处置设施间协同共生等。

以相同属性农业固体废物协同处置为例，对于偏远地区及量大面散农村地区，建立基于田间地头的分布式农业固体废物聚集点，将离田秸秆、农村厕所粪池粪污、分散式畜禽养殖粪污集中，统一收储运，降低成本，并推动大型多物料协同沼气工程建设，协同解决农村生活燃气和冬季供暖问题。

在工业大宗固体废物的上下游协同利用方面，要构建、延伸综合利用产业链，实现原生产业与综合利用产业的跨产业协同。产废企业通过技改升级或者和综合利用企业合作，延伸产业链，综合利用固体废物，最大限度获取固体废物的资源价值。如将煤矸石用于循环流化床发电和热电联产，生产建筑材料，回收其中的金属资源或用于井下充填，实现煤矸石综合利用。

在危险废物的区域内、区域间协同消纳处置过程中，除工业窑炉协同处置危险废物外，一是探索城市群间打破市域限制，建立危险废物处置的技术协同和互为应急的互惠共赢机制；二是深化危险废物经营许可管理制度，探索企业在自建危险废物处理处置设施能力有所富余的条件下，接收本市同类型企业产生的危险废物。

在城市生活、餐厨、污泥等垃圾处理处置设施协同共生中，通过共享基础设施和固体废物信息系统，得出物质代谢过程的物料平衡、能源平衡，精确科学规划和产能匹配。通过静脉产业园模式可以将餐厨垃圾、市政污泥、禽畜粪便等协同处置，形成规模化效应，并方便政府有效监督控制和节约用地。

要点三：创新。

“无废城市”建设过程中的创新不是绝对的创新，是基于城市自身传统的固体废物处理处置方式的相对创新，是将国内外先进经验结合本地实际进行吸收的再创新。

建设“无废城市”有五点需要创新：探索新的理念、建立新的机制、应用新的技术、推行新的模式、培育新的产业。要充分认识到城市固体废物是放错位置的资源，是宝贵的财富。通过引入市场化机制，发展循环经济，将固体废物转化成城市资源，通过导入固体废物处理处置与资源化全产业链条，将固体废物管理事业转变为城市新兴产业。

要点四：传承。

如何激发公众参与“无废城市”建设的情怀，从被动接受成为自觉行为？要将文化和精神层面的工作设为重点任务。可深入挖掘并传承中华民族优秀传统文化中勤俭节约、崇尚自然的简约生活态度，激发公众建设“无废城市”的情怀，推动形成“无废时尚”。通过科普宣教，传承先贤“人与自然和谐共生”的思想理念，让公众客观公正地认识固体废物处理处置设施，潜移默化形成绿色生活、绿色消费的观念。

06 什么是“无废细胞”？

答：如果把城市看作人体，那么园区、社区、学校、医院、政府机关、企事业单位等就是城市的细胞。城市细胞囊括城区和乡村承载生产、生活活动功能的各基本组成单元，包括工厂、机关、企事业单位、学校、公园、景区、机场、车站、医院、饭店、商场、集贸市场、社区、村庄、家庭等。

“无废细胞”是贯彻落实“无废城市”建设理念，体现固体废物治理需求、过程、成效的重要载体。“无废城市”的建设成功，必然需要城市细胞的广泛参与。“无废细胞”的建设为“无废城市”建设奠定了扎实的建设基础和群众基础，最终形成“无废社会”。“无废细胞”是按照“无废”理念，结合自身固体废物产生特点和治理需求，通过提升固体废物综合治理能力，达到固体废物产生量和环境影响最小目标的城市基本组成单元。

例如“无废工厂”，就是要通过生产协同化、工艺绿色化、废物资源化、利用合规化、处置无害化、减废制度化、管理智慧化等措施，从源头削减固体废物的同时强化末端规范化处置，将企业的固体废物环境影响降到最低。“无废工厂”的建设可实现工厂固体废物产生量小、资源化利用充分、固体废物处置规范、固体废物环境影响低。当然，这种模式需要强大的生产工艺研发团队，系列化、协同化的产品体系，具有高度环保意识、系统性思维的管理团队，强有力的资金保障以及开放、创新的政府主管部门。

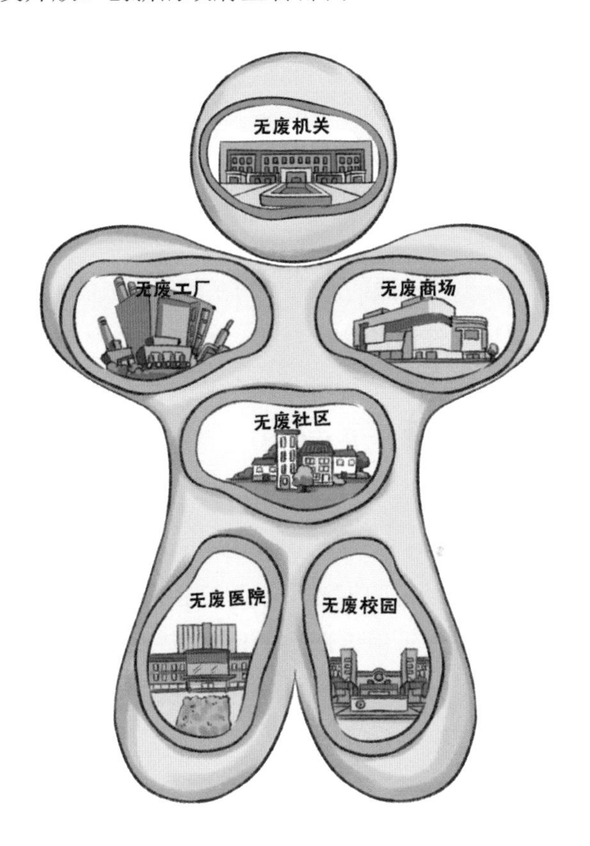

07 什么是“无废工艺”？

答：“无废工艺”是一个综合性的概念，是工业文明中促进人与自然和谐共生的重要方向和主要手段。除字面意思的不产生废物的工业生产活动之外，更强调根据合理利用资源、保护生态环境的原则，系统考虑工业产品的设计、制造、消费、废弃、回收（再生）全过程，生产工艺在节能、节材和环境友好等方面的高要求，以期达到人与自然和谐共生的相互关系。因此，无废工艺的目的不仅是减少产品消费造成的环境影响，更是减少或消除造成这种影响的根源。

具体而言，无废工艺是借鉴自然生态系统的运行方式来规划、组织、管理、运营工业生产系统，综合利用原料，使一个生产过程、企业或部门的废料成为另一个生产过程、企业或部门的原料，在流程、企业、行业、区域多个层次生产体系的技术集成上实现物料的闭路循环，将生产活动对资源的需求和对环境所造成的影响控制在尽可能低的水平。

从工艺技术经济的角度来看，实际工业生产活动中废料的产生并非不可避免，废料的存在及其数量主要反映了工艺发展的水平，可以认为是反映工艺完善程度的重要指标。工业生产的废料有作为原料再利用的潜力，可被当作工业副产品、工业半成品或二次资源看待，也需要在生产中对其数量、组成等参数给予确定的描述，并制定相应的标准和规范。随着科学技术的进步，很多原本的废料变成了宝贵的原料，如炼焦产出的煤焦油又黑又臭，刚开始被作为一种让人非常头疼的废料，但后来却成了有机合成的重要原料，并开拓了整个煤化工的工业部门。

08 什么是“无废园区”？

答：“无废园区”是在工业园区层面的“无废”生产体系，其核心理念是按照工业生态学的原理来组织企业内、企业间的生产活动和基础设施服务，通过物料的闭环流动和能量的梯级流动来尽可能减少废弃物的产生及其对环境的影响。这不仅包括企业内部车间、工厂内实现物料的闭合循环或尽可能将原辅材料全部加工转化成为产品，而且由于原料的综合性，也需要跨企业、跨行业、跨部门的工业联合生产；同时，要充分利用园区产业的空间集聚特征加强能源、给排水、交通等基础设施的共建共享，以在整体上最大限度地提升园区资源能源的利用效率，减少废弃物的产生及其影响。“无废园区”的实现，不仅需要开发新的工艺过程和设备，还需要注重改变现有的工业组织管理体制和机制。

09 什么是固体废物？

答：固体废物是指在生产、生活和其他活动中产生的丧失原有利用价值或者虽未丧失利用价值但被抛弃或者放弃的固态、半固态和置于容器中的液态或气态废物的物品、物质以及法律、行政法规规定纳入固体废物管理的物品、物质。其中，固态废物有废玻璃瓶、废报纸、废塑料袋、木屑等；半固态废物有污泥、油泥、粪便等；置于容器中的液态或气态废物，有废酸、废油、废有机溶剂等。

10 固体废物具备哪些特征？

答：（1）复杂多样性。固体废物种类繁多、成分也非常复杂。例如，一部废弃手机就包含塑料、金属、玻璃等多种成分；废旧电视机包含玻璃、塑料、金属、荧光粉等。对于不同行业而言，固体废物的种类差别很大，且相同行业的不同固体废物的成分差异往往也很大。

（2）较为普遍的潜在危害性和长期性。虽然并非所有的固体废物都对环境和人体具有危害性，但有些固体废物特别是危险废物中含有的污染物释放过程往往较为缓慢，所产生的土壤、地下水等环境污染常常不易被察觉，一旦被察觉可能已经造成了明显的环境损害乃至人身伤害事件，且其周边环境受污染后恢复时间往往很长、治理成本很高。例如，美国拉夫运河污染治理前后花费了 21 年的时间。

（3）易于运输转移性。固体废物包含固态废物、半固态废物、不能排入水体的液态废物和不能排入大气的置于容器中的气态废物。由于其外部形态相对稳定，因此易于通过载具进行运输转移。

（4）废物和资源的双重属性。废物属性是暂时的，其实是放错时空的资源。相对于目前的科学技术和经济条件，随着科学技术的飞速发展和矿物资源的日趋枯竭，生物资源滞后于人类的需求，昨天的废物有可能成为明天的资源，某一过程的废物可以作为另一过程的原料。我国目前已经建立了许多废物回收利用工厂，如用粉煤灰制砖，用煤矸石发电，用高炉渣生产水泥，从电镀污泥中回收贵重金属等。

11 为什么说固体废物也是资源？

答：固体废物的“废物属性”既受到人的主观认知、判断水平的影响，也受到时代科技水平的限制，因此具有相对性。某些人认为的废物可能在另外一些人眼中是资源；某些生产过程产生的废物往往可以作为另外一些生产过程的原料；在某一些地区是废物的物质在其他地区可能具有很高的利用价值；今天是废物，明天也许是资源。例如，厨余垃圾可以发酵生产燃气和肥料；废纸、废塑料、废家具、废家用电器等经过回收加工后，可以循环利用；粉煤灰经过处理后可用于生产建筑材料；有些热值较高的固体废物可以作为生产过程中的燃料使用。所以，固体废物的“废物属性”具有很强的时空属性和一定程度的主观性，“废物”具有相对性，因此固体废物往往也被称为“放错位置的资源”。

12 固体废物如何分类？

答：固体废物的分类方法有很多，可根据其化学组成或危害性、形态、来源、可燃特性等进行划分。

（1）按其化学组成可分为有机废物、无机废物。

（2）按其危害性可分为危险废物（氰化尾渣、含汞废物等，详见生态环境主管部门发布的危险废物最新名录）和一般废物。

（3）按其形态可分为固态废物（块状、粒状、粉状），如玻璃瓶、报纸、塑料袋、木屑等；半固态废物（污泥、油泥、粪便等）和液态（气态）废物，如废酸、废油与废有机溶剂等。

（4）按其来源可分为工业源固体废物、农业源固体废物、社会源固体废物、建筑垃圾和其他来源固体废物。

（5）按其燃烧特性可分为可燃废物（废纸、废塑料、废机油等），不可燃废物（废玻璃、砖石等）。

13 什么是危险废物？

答：危险废物是指列入《国家危险废物名录》或根据国家相关规定的危险废物鉴别标准和鉴别方法认定的具有危险特性的废物。

危险废物是具有毒性、腐蚀性、易燃性、反应性和感染性的一种或几种危险特性，并可能对环境或者人体健康造成有害影响的固体废物或置于容器中的液态或气态废物。放射性废物虽然具有危害特性，但是不在危险废物管理范围之内，按照《中华人民共和国放射性污染防治法》管理。

对危险废物的认识应当把握以下几点：

（1）危险废物是用名录来控制的，凡列入《国家危险废物名录》的废物种类都是危险废物，要采用特殊的防控措施和管理办法。

（2）某些废物虽然没有列入《国家危险废物名录》，但是根据国家规定的危险废物鉴别标准和鉴别办法，废物中某有害、有毒成分含量超过标准限值则被认定为危险废物。

（3）危险废物不是从公共安全角度管理的危险物品，其虽然存在有毒有害成分，但不是由公安机关管理的易燃易爆有毒的危险物品。

（4）危险废物的形态不仅限于固态，也有液态的（如废酸、废碱、废油等）。

14 危险废物、一般工业固体废物、副产品三者有何区别？

答：一般工业固体废物是指从采掘业、制造业等生产活动中产生的没有危险特性的固体废物。如矿山企业产生的尾矿矸石、废石等采掘业固体废物，服装制造业产生的边角废料等。

危险废物特别强调固体废物的危险特性。

副产品是指在生产主要产品过程中附带产出的非主要产品，具有产品属性，不属于固体废物。企业内的副产品虽然具有明确的产品属性，但对于运出企业的副产品，如果其缺少相应行业产品标准和鉴别方法，要判断其是副产品还是废物，需按照国家法律规定和部门规章要求开展专业鉴别判断。

对于未知的固体废物，要判断其属于一般固体废物、危险废物还是副产品，应依据《中华人民共和国固体废物污染环境防治法》《固体废物鉴别导则》，鉴别该类物质是否具有固体废物属性。如鉴别结果显示该类物质不具有固体废物属性，则相关产生企业可对该类物质自行制定企业产品标准，经质检部门备案后作为副产品管理；如鉴别结果显示该类产品属于固体废物，应依据《国家危险废物名录》和《危险废物鉴别标准》做进一步鉴别。凡列入《国家危险废物名录》或经鉴别认定具有危险特性的，则属于危险废物，必须按照危险废物有关法律法规要求进行监管。

15 什么是农业固体废物？

答：农业固体废物是指在农业生产建设过程中产生的固体废物，主要来自植物种植业、动物养殖业及农用塑料残膜、农药包装废弃物等。可细分为：

（1）植物（如粮食、蔬菜、水果及其他经济作物）种植业产生的各类固体废物，如秸秆、残株、杂草、落叶、果实外壳、藤蔓、树枝和其他废物；

（2）动物（牲畜、家禽等）养殖业产生的畜禽粪便以及栏圈铺垫物等；

（3）农业生产用的保温棚膜、地膜等各类塑料残膜；

（4）杀虫剂、杀菌剂、除草剂等各类农药包装废弃物。

16 什么是生活垃圾？

答：生活垃圾是指在日常生活中或者为日常生活提供服务的活动中产生的固体废物以及法律、行政法规规定视为生活垃圾的固体废物。生活垃圾包括城镇生活垃圾和农村生活垃圾。生活垃圾主要包括厨余垃圾、废纸、废塑料、废玻璃、废金属、废织物、废砖瓦、粪便，以及废家具、废旧电器、园林废弃物等。生活垃圾的产生源头主要包括居民家庭、商业实体、餐饮业、旅馆业、旅游业、服务业、市政环卫业、交通运输业、文教卫生业和行政事业单位。

17 什么是医疗垃圾？

答：医疗垃圾又称医疗废物，是指医疗卫生机构在医疗、预防、保健、教学、科研以及其他相关活动中产生的具有直接或间接感染性、毒性以及其他危害性的废物。根据类别及属性等大致可分为感染性废物（如携带病原微生物，具有引发感染性疾病传播危险的医疗废物）、损伤性废物（如能够刺伤或者割伤人体的废弃的医用锐器）、病理性废物（如诊疗过程中产生的人体废物和医学实验动物尸体等）、药物性废物（如过期、淘汰、变质或者被污染的废弃药品）、化学性废物（如具有毒性、腐蚀性、易燃易爆性的废弃的化学物品）。接触了病人血液、组织等由医院产生的污染性垃圾，使用过的棉球、纱布、胶布、废水、一次性医疗器具、手术后的废弃品、过期的药品等，均属于典型的医疗垃圾。

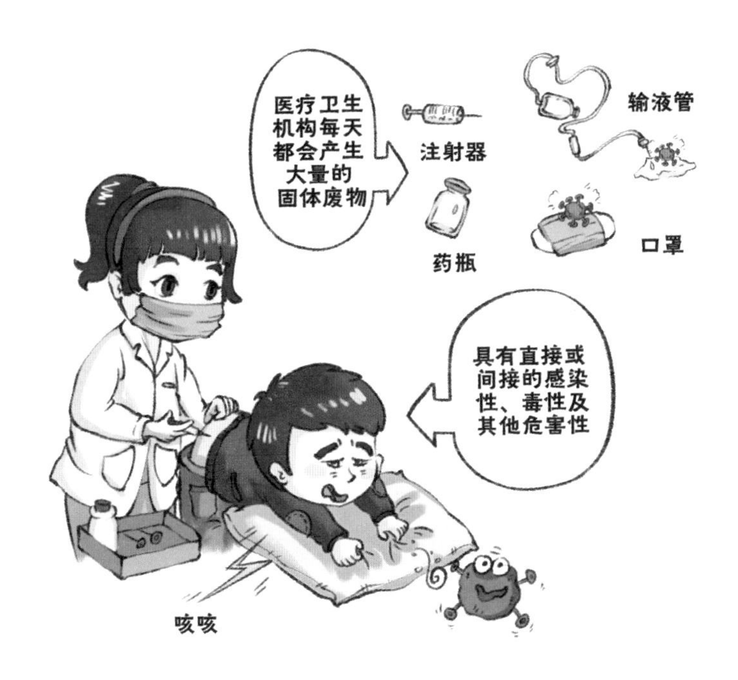

18 什么是建筑垃圾？

答：建筑垃圾是指在新建、改建、扩建和拆除各类房屋建筑和市政基础设施工程过程中，产生的弃土、弃料及其他废弃物，包括渣土、混凝土块、碎石块、砖瓦碎块、废砂浆、泥浆、沥青块、废塑料、废金属、废竹木等。建筑垃圾可分为工程渣土、工程泥浆、工程垃圾、拆除垃圾等。其中工程渣土指在各类建筑物、构筑物、管网等基础开挖过程中产生的弃土；工程泥浆指钻孔桩基施工、地下连续墙施工、泥水盾构施工、水平定向钻及泥水顶管施工等产生的泥浆；工程垃圾指各类建筑物、构筑物等建设过程中产生的弃料；拆除垃圾指各类建筑物、构筑物等拆除过程中产生的弃料。

19 什么是餐厨垃圾？

答：餐厨垃圾是指饭店、宾馆、企事业单位食堂、食品加工厂、家庭等在加工、消费食物过程中产生的残羹剩饭、过期食品、下脚料、废料等废弃物。根据来源不同可分为餐饮业产生的食品垃圾、家庭厨余垃圾、市场丢弃的食品和蔬菜垃圾、食品加工厂丢弃的过期食品等。餐厨垃圾主要是米和面粉类食物残余、蔬菜、动植物油、肉骨等。根据化学组成的不同可分为淀粉、纤维素、蛋白质、脂类和无机盐等。

20 什么是大件垃圾？

答： 大件垃圾是指体积较大、整体性强、需要拆分再处理的废弃物品，包括较大的废家用电器和家具等。按照《大件垃圾收集和利用技术要求》（GB/T 25175—2010）的定义，大件垃圾指质量超过 5 kg 或体积大于 0.2 m^3 或长度超过 1 m，且整体性强而需要拆解后再利用或处理的废弃物（如废家具）及各种废家用电器、电子产品等。

21 什么是低值可回收物？

答：低值可回收物是指具有一定循环利用价值，单纯依靠市场调节难以有效回收处理，需要经过规模化回收，集中处理才能够重新获得循环使用价值的废玻璃类、废木质类、废软包装类、废塑料类、废纺织衣物类等固体废物。例如生活中的牛奶盒等油温复合材料组成的可回收物，需要经过多道工序才能被循环利用，回收成本大，经济附加值低，属于低值可回收物。

22 什么是再生资源？

答: 再生资源是指在社会生产和生活消费活动中产生的，已经失去原有全部或部分使用价值，经过回收、加工处理，能够使其重新获得使用价值的各种废弃物。再生资源包括废旧金属，废造纸原料（如废纸、废棉等），废化工材料和产品（如废橡胶、废塑料、废纤维、废油），废玻璃，报废电子产品，报废机电设备及其零部件等。

23 危险废物如何分类？

答：我国危险废物分为医疗废物，医药废物，废药物、药品，农药废物，木材防腐剂废物，废有机溶剂与含有机溶剂废物，热处理含氰废物，废矿物油与含矿物油废物，油 / 水、烃 / 水混合物或乳化液，多氯（溴）联苯类废物，精（蒸）馏残渣，染料、涂料废物，有机树脂类废物，新化学物质废物，爆炸性废物，感光材料废物，表面处理废物，焚烧处置残渣，含金属羰基化合物废物，含铍废物，含铬废物，含铜废物，含锌废物，含砷废物，含硒废物，含镉废物，含锑废物，含碲废物，含汞废物，含铊废物，含铅废物，无机氟化物废物，无机氰化物废物，废酸，废碱，石棉废物，有机磷化合物废物，有机氰化物废物，含酚废物，含醚废物，含有机卤化物废物，含镍废物，含钡废物，有色金属采选和冶炼废物，废催化剂，其他危险废物等 50 大类。

24 生活垃圾如何分类？

答：生活垃圾一般可分为四大类：可回收物、厨余垃圾、有害垃圾和其他垃圾。可回收物包括废纸、废金属、废塑料、废玻璃和废织物等，经过分类回收、综合处理后可继续作为资源利用。厨余垃圾包括剩菜剩饭、骨头、菜根菜叶等食品类废物，可经生物技术就地处理堆肥转化成为肥料。有害垃圾包括废电池、废灯管、废水银温度计、过期药品等，这些垃圾需要特殊安全处理。其他垃圾包括除上述几类垃圾之外的砖瓦陶瓷、渣土、卫生间废纸等难以回收的废弃物，一般采取焚烧或卫生填埋的方式进行处置。

需要说明的是，骨头属于何种垃圾取决于骨头的类型。一般来说，质地较软、易腐蚀的鸡骨头、鱼骨头等都属于厨余垃圾。而质地较硬、难腐蚀的大骨，如猪腿骨等，则属于其他垃圾。

25 什么是循环经济？

答：循环经济是指将资源节约和环境保护结合到生产、消费和废物管理等过程中所进行的减量化、再利用、资源化活动的总称。循环经济在经济运行形态上强调“资源—产品—再生资源”的物质流动循环模式；在过程控制手段上，强调以减量化、再利用和资源化的先后次序开展经济活动。经济学意义上的循环经济，是社会物质资料的生产、消费、回收和再生产的过程的总和，这些物质资料的流动转化过程及其交换、分配和消费过程需要更多地、自觉地纳入资源节约和环境保护的因素。循环经济强调通过节约资源、尽量循环、再生利用资源、以服务型产品替代实物型产品、减少废弃物产生的经济发展模式，来替代“大规模生产、大规模消费、大规模废弃”的粗放型经济发展模式。

26 什么是减量化？

答：减量化是指在单位经济产出生产过程中所消耗的物质能量和产出的废弃物量绝对或相对减少。其基本思想是以最小的资源投入产出最大量的产品，同时产出最少量的废物，即在消耗同样多的，甚至更少的物质的基础上获得更多的产品和服务。减量化要求生产活动用较少的原料和能源来达到既定的生产目标或消费目的，从经济活动的源头就注意节约资源和减少污染。减量化在生产中表现为要求产品小型化和轻型化，要求产品的包装应追求简单朴实从而达到减少废物排放的目的。

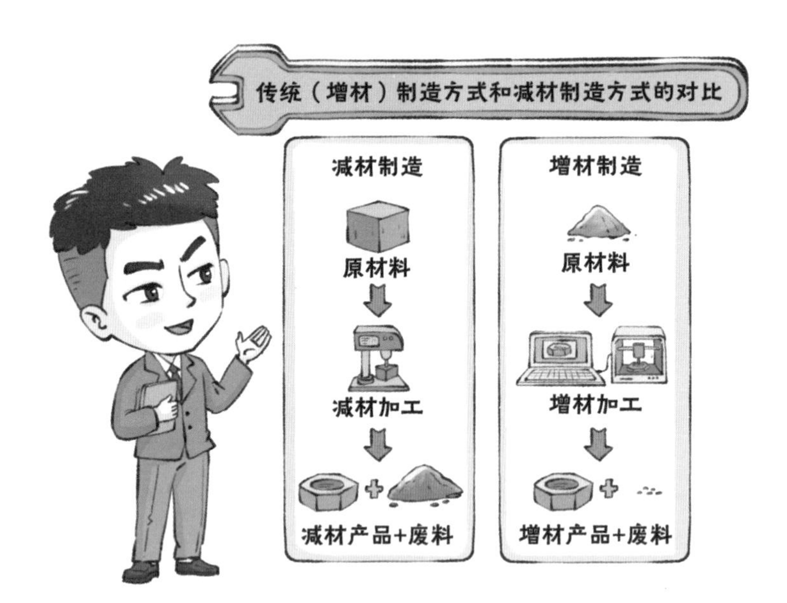

27 什么是再利用？

答：再利用是指将废弃物直接作为原料或产品进行利用

或者对废物进行再生利用。它要求制造的产品和包装容器能够以初始的形式被反复使用，而非一次性使用后就废弃，再利用原则抵制当今世界一次性用品的泛滥，尤其是餐盒等塑料制品；还要求制造商尽量延长产品的使用期。比如用过期牛奶或剩牛奶擦皮鞋，可避免皮面干裂，使其愈加柔软美观；喝剩的碳酸饮料，可做洗濯剂，用来清洗带有茶垢、水垢的容器，可以比较容易地将茶垢、水垢洗掉；再比如快递包装盒子和袋子可以直接重复利用，也可以将硬质的盒子改造成桌面收纳盒或书架；可以将废旧的衣物进行捐赠处理或改造成为置物袋。

28 什么是再循环？

答： 再循环要求生产出来的产品在完成其使用功能后能够再次变成可以利用的资源。再循环包括两种情况，即原级再循环和次级再循环。前者是指循环用来生产同种类型的新产品，如报纸再生报纸，易拉罐再生易拉罐等，其效率比较高；后者则是将废物资源转化成为其他产品的原料，一般是降级利用，比前者效率明显降低，如高端铝材降级用于生产中低端铝材。

29 什么是资源化？

答： 资源化是指实现将废物转化成为有用物质能源的过程，其本质是指综合运用各种物理、化学、生物等技术手段，将各类废物转化成为资源、材料、消耗品、能源等有价值产品的转化过程。比如将秸秆或畜禽粪便堆肥生产有机肥，将市政污水处理产生的污泥用作水泥生产的原料，将废钢铁收集后送往钢铁厂重新炼钢生产再生钢锭或钢材，将拆迁产生的建筑垃圾中的废混凝土打碎成骨料继续作为混凝土生产的原料使用。

30 什么是无害化？

答: 无害化是已产出又暂时还不能综合利用的固体废物，经过物理、化学或生物方法进行处理处置，达到废物的消毒、解毒或稳定的目的，以降低并防止固体废物对环境的污染和对人体健康威胁的过程。例如，利用焚烧法、化学处理法将微生物杀灭，促进有毒物质氧化或分解。

31 什么是清洁生产？

答：清洁生产是指将综合预防的环境保护策略持续应用于生产过程和产品中，以期减少对人类和环境的危害。《中华人民共和国清洁生产促进法》第二条规定：本法所称清洁生产，是指不断采取改进设计、使用清洁的能源和原料、采用先进的工艺技术与设备、改善管理、综合利用等措施，从源头削减污染，提高资源利用效率，减少或者避免生产、服务和产品使用过程中污染物的产生和排放，以减轻或者消除对人类健康和环境的危害。

具体而言，清洁生产是通过优化产品设计、使用清洁的能源和原料、采用先进的工艺技术与设备、改进生产过程控制、改善操作维护管理、综合利用资源和废弃物、员工培训和制度激励等措施达到如下目的：从源头削减污染，提高资源利用效率和生产经营效益，减少或者避免生产、服务和产品使用过程中污染物的产生和排放，以减轻或者消除对人类健康和环境的危害。

对于产品而言，清洁生产意味着减少和降低产品从原材料使用到最终处置的全生命周期的不利影响；对于生产过程而言，清洁生产意味着节约原材料和能量，少用甚至不用有毒有害原辅材料，在生产过程排放废物之前减少、降低废物的数量和毒性；对于服务而言，清洁生产要求将环境要素纳入设计和所提供的服务。

32 什么是“邻避效应”？

答：“邻避效应”（Not In My Back Yard，NIMBY，译为“邻避”，意为“不要建在我家后院”）是指当地或邻近居民反对一切影响房产价值或生活质量的设施建议。其中影响居民的环境因素，可能来自电厂、化工厂、垃圾焚烧厂、垃圾填埋场、污水处理厂、采石场、机场、公路、铁路、港口、摩天大楼等的生产运行过程，其他因素可能来自手机信号塔、军事基地、酒吧、运动场馆、购物中心、医院、孤儿院、青年旅社等。居民或所在地单位因担心上述建设项目对身体健康、环境质量和资产价值等带来负面影响，从而产生嫌恶情结，产生“不要建在我家后院”的心理，进而采取强烈和坚决的、有时高度情绪化的集体反对甚至抗争行为，这种现象就是“邻避效应”。

“邻避效应”是“以邻为壑”的历史典故在我国工业化、城镇化高速发展的当今时代演绎出的另一个版本：由于当地群众不甘承受“以我为壑”的污染成本，衍生出对政府引进项目的集体抵制。政府部门规划经济项目或公共设施，产生效益为全体社会所共享，但负外部效应却由附近居民来承担，从而受到选址周边居民的反对。这种“不要建在我家后院”的“邻避效应”，在国际社会已是普遍现象，对“邻避效应”的规避引导，是世界各国面临的共同挑战。

33 什么是生命周期？

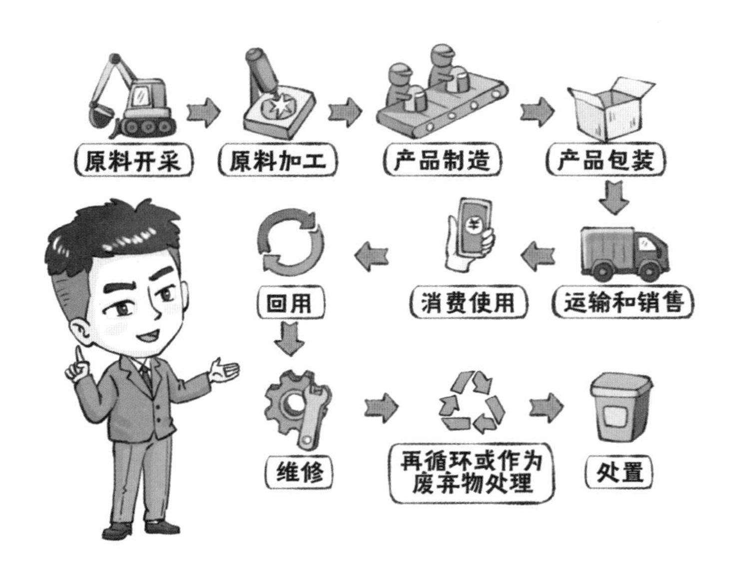

答：生命周期是指一种产品从原料开采开始，经过原料加工、产品制造、产品包装、运输和销售，然后由消费者使用、

回用和维修，最终再循环或作为废弃物处理和处置的整个过程。任何一个产品的生命周期都可划分为原材料获取、生产产品、产品的使用再利用和保养维护、产品回收、废物管理及运输几个阶段。资源消耗和环境污染物的排放在每个阶段都可能发生，因此，污染预防和资源控制也应贯穿于产品生命周期的各个阶段。

34 什么是生命周期评价？

答：生命周期评价（Life Cycle Assessment，LCA）是对产品从摇篮到坟墓的评价方法，是对原材料的采集、加工、生产、包装、运输、消费和回用以及最终处理等过程造成的和潜在的环境影响的识别和量化评价，其技术框架包括目标与范围确定、清单分析、影响评价和解释四个部分，关注的环境影响包括不可再生资源消耗、可再生资源消耗、全球变暖、

臭氧层消耗、降雨酸化、水体富营养化、固体废物土地占用、危险废物和化学品对人体和环境造成的损害与风险等。

35 什么是生命周期设计?

答: 生命周期设计(Life Cycle Design,LCD),又称绿色设计、生态设计,是清洁生产的一个重要组成部分,是为了实现功能属性、环境属性和经济属性的综合要求,在产品的整个生命周期中考虑减少对环境的负面影响的决策设计过程。产品的生命周期设计可以提高企业的环境形象,可以在环境方面和商业方面为企业提供赢得竞争的机会。

生命周期设计包括两个方面的含义:

①在环境方面,减少资源消耗和污染物产生,实现可持续发展;

②在商业方面,降低生产成本,减少责任风险,提高产品质量,刺激市场需求,以提高竞争力。

生命周期设计的程序包括以下 7 个步骤:

①筹划和组建项目小组,制定战略、计划并做出预算;

②选择合适的产品进行生命周期设计;

③根据生命周期设计战略,列出设计要求清单;

④产出和筛选产品创意,给出满足设计要求的方案;

⑤细化构想,并进行深入分析以确定推荐方案;

⑥实施并做好正式投产前的准备工作;

⑦总结经验,指导后续生命周期设计工作,并制订后续的生命周期设计计划。

36 什么是固体废物的全过程管理?

答: 固体废物从产生、贮存、转移、利用、处置等全过程均存在污染环境和损害人体健康的风险,因此,固体废物全过程管理是指在固体废物的产生、收集、贮存、运输、利用、处置等全过程的各个环节进行全方位监管,制定符合实际情况的固体废物处理处置技术路线和明晰的固体废物管理策略,以防止固体废物对环境产生一次污染和二次污染及其对人体健康产生损害。

固体废物全过程管理的目标是实现固体废物的减量化、资源化、无害化。固体废物来源广泛、种类众多,其中的危险废物对人体和环境的危害很大,通过实施全过程管理,可以最大限度地减少或避免固体废物从产生到处置的全生命周期对人体和环境的负面影响。

第二部分

固体废物的产生、环境影响与危害

37 固体废物来自哪里？

答：固体废物主要来源于人类的生产活动、消费活动和环境污染治理过程。人们在开发矿产和生物质资源、制造工业产品、提供服务的过程中必然会产生废物，任何产品经过使用和消耗后，最终也都变成废物。

具体包括：

（1）生产过程。现代社会建立在生产系统的基础之上，基本的生产过程包括原料的获取、工业农业生产制造、提供服务等，在此过程中会产生固体废物，如尾矿、废石、冶炼渣、秸秆、畜禽粪便、危险废物、废塑料制品等。

（2）消费过程。消费过程同样也产生固体废物，如剩饭、剩菜、果皮类废物、废包装、旧报纸和杂志等，超过使用期限后被废弃的衣服、鞋帽等以及废家用电器、照明灯具、交通工具，建筑物等报废拆除后也成为建筑类固体废物。

（3）环境污染治理过程。在废气、废水、废渣的治理与再利用过程中同样会产生固体废物，如污水处理产生的污泥、电厂烟气脱硫产生的脱硫渣、垃圾焚烧产生的灰渣等。

（4）其他，如园林绿化过程产生的园林废弃物等。

38 我国固体废物产生状况如何？

答：我国是世界上城镇化人口最多、产生固体废物量最大的国家之一，每年新增固体废物 100 多亿 t，历史堆存总量高达 600 亿～ 700 亿 t。固体废物产生量大、利用不畅、非法转移倾倒、处置设施选址难等问题日益突出，部分城市“垃圾围城”问题十分突出，已经成为民心之痛、民生之患，影响经济社会的可持续发展。

生态环境部、国家统计局发布的《中国环境统计年鉴2023》显示，2022 年，工业固体废物产生量为 41.1 亿 t，倾倒丢弃量为 5.4 万 t，综合利用量 为 23.7 亿 t，贮存量为 9.4 亿 t，处置量为 8.9 亿 t，综合利用率为 56.8%；工业危险废物产生量为 9 514.8 万 t，利用处置量为 9 443.9 万 t。

城市层面最新的公布数据来源于《2020年全国大、中城市固体废物污染环境防治年报》有196个大、中城市向社会发布的2019年固体废物污染环境防治信息。这196个城市的一般工业固体废物产生量为13.8亿t，工业危险废物产生量为4 498.9万t，医疗废物产生量为84.3万t，城市生活垃圾产生量为23 560.2万t。

农业农村部相关统计资料显示，我国农业固体废物量大面广、性质复杂，是固体废物的重要组成部分。2019年，全国畜禽粪污产生量30.5亿t、农作物秸秆产生量8.7亿t、农膜使用量246.5万t、废弃农药包装物约35亿件。住房和城乡建设部根据有关行业协会测算出近几年我国城市建筑垃圾年产生量超过20亿t，是生活垃圾产生量的10倍左右，约占城市固体废物总量的40%。建筑垃圾已成为我国城市单一品种排放数量最大、最集中的固体垃圾。

相关统计数据可参考生态环境部、国家统计局等单位发布的相关统计年鉴和统计公报等资料。

39 固体废物产生量的影响因素有哪些？

答：固体废物产生量受很多因素影响，如社会经济发展水平和发展阶段、产业规模和结构、工业技术和管理水平、人口规模、消费习惯等。其中，社会经济发展水平是主要影响因素，良好的个人消费习惯对固体废物的减量化有重要影响。例如，保持节约适度的生活习惯，物尽其用，尽量减少垃圾的产生，积极配合垃圾分类收集，可大幅降低生活垃圾产生量。例如，日本自 2005 年开始推广循环型社会后，民众积极响应，生活垃圾产生量显著下降，由 2000 年的 0.52 亿 t 下降到 2010 年的 0.45 亿 t；同期各类生产活动产生的废物由 4.22 亿 t 下降到 3.86 亿 t。

40 危险废物的来源有哪些？

答：危险废物广泛来源于生产服务活动、人们日常生活消费活动以及各种环境污染治理过程。例如，化学工业生产过程中会产生大量的废催化剂，制药过程中会产生抗生素药剂，医疗卫生机构会产生废消毒药剂、生物组织等废物；人们在日常消费活动中也会产生废铅蓄电池、废荧光灯管等危险废物；环境污染治理如生活垃圾焚烧过程中会产生大量的飞灰，飞灰含有重金属和二噁英等多种毒性物质。

从产生行业类别来看，危险废物几乎来自国民经济的所有行业。生态环境部发布的《2022 生态环境统计公报》显示，2022 年全国各类危险废物产生总量达到 9 514.8 万 t，其中产生量排名前五的行业分别为化学原料及化学制品制造业，有色金属冶炼及压延加工业，石油、煤炭及其他燃料加工业，黑色金属冶炼和压延加工业，电力、热力生产和供应业，5 个行业所产生的危险废物占总产生量的 72.3%，合计为 6 879.7 万 t。

41 固体废物处置不当会产生哪些二次污染问题？

答：一些固体废物在分类、贮存、转运、回收、利用、处置等过程中还会产生其他气态或液态污染物，导致对各类环境介质及人体健康产生负面影响，即二次污染问题。

例如，有害垃圾、餐厨垃圾与其他垃圾混合收集后填埋处置可能会导致填埋场渗滤液含有大量重金属，若堆肥处置则可能由于存在生物毒性物质抑制生物化学作用导致堆肥处理效果不佳进而产生恶臭气体等有毒有害物质等。由于生活垃圾成分具有复杂性和多样性，其焚烧时产生的污染物也会具有复杂性和一定毒性，当垃圾中有含氯塑料制品或其他有机物、无机物不完全燃烧时，不仅会产生甲烷、苯、氯化氢等物质，还会产生二噁英等具有强烈致癌、致畸作用的有机氯化物。当垃圾中含有电池、电器、各种添加剂等时，会增加焚烧产物的重金属含量，其可在生物体内富集或生成毒性更强的化合物。垃圾焚烧发电等资源化过程也会对环境产生二次污染，除上述废气类二次污染物需要关注外，废水（垃圾渗滤液、生产废水等）、炉渣（含重金属等）、噪声污染如果控制不当，均会对周边环境产生负面影响。再如，电子垃圾在加热过程中产生的挥发性有机气体会引发二次污染，尤其是电解液高温热解产生的气体污染性强、毒性大；机械处理中的破碎、分选、回收过程产生大量的粉尘，如果处理不当，都会对环境造成严重的二次污染。

42 固体废物处理不当对土壤环境有哪些影响与危害？

答：固体废物随意堆放会占用大片土地，在风吹、日晒、雨淋等自然力作用与侵蚀下，未经固化、稳定化等无害化处理的固体废物挥发和溶出的有害物质，会影响甚至灭杀土壤中担负着碳、氮循环任务的部分微生物，使土壤丧失腐解能力，严重时会导致植被退化、荒漠化等生态破坏状况。固体废物中的重金属、持久性有机污染物在进入土壤之后，还可能在土壤和植物中富集浓缩，并通过食物链危害人体和生态系统的健康。同时，固体废物释放的有机质也可能进入土壤环境，与土壤中的好氧微生物和植物根系等争夺氧气和养分，影响生物正常生长。

43 固体废物处理不当对水环境有哪些影响与危害？

答：固体废物如贮存保管不当，其释放的有毒有害物质将导致水体污染，威胁水生生物的生存条件，并影响水资源的利用；如被弃置于河流、湖泊或海洋等水体中，还会导致河床淤塞、水面减小、流向改变。未经固化、稳定化处理的危险废物如随意堆放，一部分有毒有害物质会随降雨和地表径流迁移进入河流湖泊，还有一部分物质可能通过地表渗透进入地下水环境，造成复杂的水体污染，如涉重金属的采矿废石、露天堆放的冶金废渣等。生活垃圾填埋场如管理不规范，其周围的地表水和地下水会出现色度、重金属含量及大肠杆菌数严重超标的情况，严重危害周边水体环境。

44 固体废物处理不当对大气环境有哪些影响与危害？

答：未覆膜遮盖或纳入封闭棚库管理的固体废物（如粉煤灰、冶金渣）随意堆放时，其细微颗粒会随大风飞扬对周边大气环境造成污染。研究表明：当风力在 4 级以上时，粒径小于 1.5 mm 的粉末就会被风刮起，其扬尘高度可达 20 ～ 50 m，在大风季节可使可见度降低 30% ～ 70%。另外，堆积的固体废物中的有机物受微生物作用会产生甲烷、氨气、硫化氢等温室气体、恶臭有害气体。固体废物如运输不当或经过焚烧条件不合格的处理，也会产生大量粉尘和有害物质，如二噁英、多环芳烃、二氧化硫等，如不采取净化措施，将对大气环境造成明显的负面影响。

45 农业固体废物处理不当对环境有哪些影响与危害？

答：农业固体废物主要包括植物纤维性废弃物（农作物秸秆、谷壳、果壳及甘蔗渣等农产品加工废弃物）、畜禽粪便、农用薄膜、农药包装废弃物。植物纤维性废弃物如果不能实现综合利用，就会成为社会负担，对环境造成负面影响。我国每年的农作物秸秆产生量保守估计超过 8 亿 t，相当一部分秸秆被弃置或是在田间直接焚烧，不仅污染大气，产生很多有毒有害气体，影响人体健康，而且容易引发火灾、造成灰霾，导致能见度降低和交通事故频发。直接还田的秸秆也可能会导致害虫卵在农田长期蛰伏，抗药性不断增强，引起作物减产等问题。

随着畜牧业的发展，畜禽粪便污染问题也越来越严重，畜禽粪便中含有的病原微生物易诱发人畜共患疾病，而且还会散发出难闻气味，甚至有毒、可燃的气体（如硫化氢、氨气、甲烷等）。畜禽粪便中的氮、磷进入水体后，可导致水体富营养化。畜禽粪便的浸出液流入土壤，会污染地下水，严重影响周边饮用水水源。

农用塑料残膜特别是保温地膜等如果不能彻底降解或回收利用，容易造成农田环境大范围的白色污染，危害土壤和农田环境，降低土壤肥力和农作物产量，破坏农村生活环境和自然景观。农用塑料残膜也是微塑料的重要来源，会对环境及生物体的新陈代谢和机体健康造成持续性负面影响。

农药包装废弃物如不能及时回收处理，其在自然界中往往难以降解，散落在村边、地头、田间、池塘、河流等地，形成散布的视觉污染，而且会对周边环境造成持续影响；包装材料容易在土壤中形成阻隔层，阻碍养分、水分的循环，导致植被等吸收不畅，进而影响作物产量；包装中残留的农药一旦渗入土壤和水体中，容易引起牲畜中毒、鱼虾死亡、微生物生长受到抑制等问题，且其中部分重金属和持久性有机物容易随食物链富集，对环境生物和人体健康造成长期和潜在的危害。

46 餐厨垃圾处理不当对环境有哪些影响与危害？

答: 餐厨垃圾含水率高（可达80%～95%），盐分、有机物、蛋白质、纤维素、淀粉、脂肪等含量也较高，容易在微生物的作用下腐烂变质，且废弃放置时间越久腐败变质现象就越严重，产生的渗滤液以及恶臭气体将对局地环境卫生造成恶劣影响。餐厨垃圾堆放时产生的下渗液进入污水处理系统会造成有机物含量的明显增加，从而加重污水处理厂的负担，增加其运行成本。在农村地区，除了存在上述现象和问题外，用餐厨垃圾喂养家畜的情况较为普遍，餐厨垃圾中的肉类蛋白以及动物性的脂肪类物质主要来自提供肉类食品的畜禽（如猪、鸡等），畜禽在直接食用未经有效处理的餐厨垃圾后，容易发生“同类相食”的同源性污染，并造成人畜之间疫病的交叉感染，促进某些致命疾病的传播，从而危害人体健康。

47 有害垃圾处理不当对环境有哪些影响与危害？

答：生活垃圾中的有害垃圾虽然数量不多，但如果处置不当，会对环境产生很大影响。因此，有害垃圾需按照特殊的正确方法安全处理。以废旧灯管（尤其是老式荧光管）为例，其汞含量平均约为 0.5 mg，能污染 180 t 地下水及周围土壤；此外汞及其化合物还可以通过呼吸道、皮肤等途径侵入人体，损坏中枢神经系统、肾脏等。再比如废镉镍电池、氧化汞电池、铅蓄电池，其生产环节和回收加工过程中会产生含铅废电解液、冶炼废渣、含铅烟尘等，如处置和防护不当，会对工作人员产生很大危害。其拆解时产生的废电解液中含有硫酸、硫酸铅等，采用酸浸碱洗等方法回收铅蓄电池，会导致废液随意进入环境，冶炼加工过程会产生大量的含铅烟尘或重金属废水，造成严重的环境污染。我国台州、汕头、清远等地都因电子垃圾拆解曾经出现过非常严重的环境污染和人体健康受损事件。

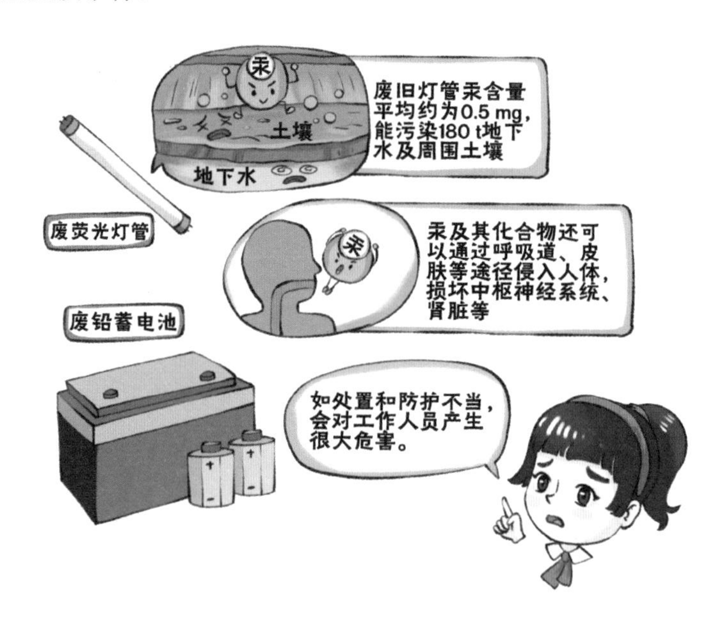

48 建筑垃圾处理不当对环境有哪些影响与危害？

答： 近年来，随着我国城镇化快速发展，建筑垃圾大量产生，且已成为我国城市单一品种排放数量最大、最集中的固体废物。根据有关行业协会测算，近几年我国城市建筑垃圾年产生量是生活垃圾产生量的10倍左右，目前每年新增产生量已超过20亿t，存量建筑垃圾已超过200亿t，约占城市固体废物总量的40%，且其产生量主要集中于大城市，新“垃圾围城”的现象越来越普遍，已经引起城郊地区群众和中央生态环境保护督察等多个方面关注。

当前，建筑垃圾绝大部分未经任何处理，主要采取外运、填埋和露天堆放等方式处理。建筑废物的堆放具有随意性，不但占用大量土地资源，影响生态景观，还容易坍塌，有很大的安全隐患，如深圳渣土滑坡事故和太湖建筑废物倾倒事件。建筑废物因为原建筑中存在一些困难以拆除或者遗留在原建筑中的有毒有害物质而具有潜在的环境风险，如石棉、涂料、油漆等容易造成地下水、土壤和空气污染。

49 医疗废物处理不当对环境有哪些影响与危害？

答： 医疗废物如果处理不当，一旦进入环境，将产生非常严重的后果。例如，感染性废物、化学性废物和药物性废物会迅速对人体和生态环境产生直接影响，如感染疾病、生物中毒、物体腐蚀、燃烧爆炸等；病理性废物和损伤性废物也容易滋生病菌，导致疾病发生。

50 矿山固体废物处理不当对环境有哪些影响与危害？

答： 矿山固体废物是在采矿和选矿过程中产生的没有工业价值的矿物，如废石、尾矿以及煤矸石等。这些废物通常含有重金属等污染物。此外，采矿、选矿过程加入的一些表面活性剂、酸或碱等也是影响周边环境的重要潜在因素。有些矿山固体废物还有一定的放射性。它们通常会被堆放在矿场附近，不仅侵占良田，而且在长期的风化及雨水的淋洗下，其浸出液及其中有害成分会使周边的地下水质变差，特别是酸性水或含有重金属的污水会严重污染周边环境。

51 工业废渣处理不当对环境有哪些影响与危害？

答： 工业废渣是指工业生产过程中排出的固体或泥状废物。工业废渣排出量大、种类繁多、成分复杂，有的有毒性，有的有腐蚀性，有的能传染疾病，有的易燃易爆。工业废渣长期堆存不仅占用土地资源，未密闭贮存的工业废渣还容易形成粉尘，进而污染周边的大气、土壤和水环境，危害自然环境和人类健康。例如，工业废渣中的铬渣含有水溶性六价铬，具有较强的致癌和致突变特性。铬渣露天堆放，受雨雪淋浸，其所含六价铬被溶出渗入地下水或进入河流、湖泊中，容易造成更大规模的危害。再如，工业废渣中的发酵制药废渣，排出量大，组成复杂，涉及的有毒有害物质种类多，在未经处理的情况下，会对环境造成新的污染。特别是当发酵制药废渣作为动物饲料或肥料时，容易引起有害菌耐药性问题，存在安全隐患。

52 污泥处理不当对环境有哪些影响与危害？

答：污泥主要包括自来水厂的污泥、污水处理厂的污泥和工业废水处理站(厂)的污泥。因其来源不同，成分差别很大，危害程度也明显不同，往往以工业废水处理产生的污泥危害最大，其中的重金属、有机污染物、病原物等污染物含量较高。污泥如长期暴露在自然环境中，其中的重金属元素可能会逐渐释放进入各类环境介质，进而影响环境安全与人体健康。

污泥中含有的多环芳烃、多氯联苯等持久性有机污染物具有食物链富集效应。污泥中可能生存有各类病原微生物，会对人类或其他生物产生健康危害甚至引起疾病。同时，在适宜条件下，污泥中易分解或腐化的成分会释放大量气味难闻且有毒有害的气体，污染大气环境，还会滋生蚊蝇，传播各种疾病，使周围环境变得恶劣，影响观感。

第三部分

“无废城市”的技术体系

53 什么是城市的物质流分析和管理?

答: 城市的物质流分析是基于资源利用全生命周期理念和物质平衡原理，使用统一的计算量纲即质量，对城市建立物质资源投入产出账户，通过统计分析其进出城市的流动情况，评估物质资源的利用及其对环境的影响情况。物质流管理是进行以物质流分析为基础的优化管理。

物质流分析的内容包括两个方面：物质总量分析和物质使用强度分析。前者分析了一定的经济规模所需要的总物质投入、总体物质消耗、总循环量、总存量；后者则主要关注在一定生产或消费规模下，物质的使用强度、消耗强度和循环强度，该强度可以用单位 GDP 衡量，也可以用人均来衡量。

城市的物质流分析通过衡量经济社会活动的物质投入、产出和物质利用效率，取得一系列资源利用的综合指标以分析物质流的数据结构和内在特征，能够帮助人们了解城市经济系统的物质利用强度及变化等物质代谢情况；还可测度经济系统物质吞吐量的环境影响，补充对生态环境可持续性的评估。因此，物质流分析具有强烈的政策导向和对政策制定的指导意义，通过对物质流规模、强度、效率的分析，可以为资源环境政策、循环经济政策制定提供新的方法和视角，以便于有效控制经济增长对物质能源消耗的依赖。

城市的物质流管理是指以资源、环境、经济、社会的可持续发展目标为指引，对社会经济系统内的物质及其流动，转化的规模、效率、过程进行有效管理的模式。目前我国正在大力推进的“无废城市”建设就是城市物质流管理的典型实践模式。不过物质流管理不仅可以用于城市层面的建设，还可以用于包括对园区、社区、商场、家庭等各类“无废城市细胞”物质流动方式的调节以及优化管理，具有更加丰富的科学内涵和广泛的实用意义。

54 危险废物如何实现源头减量？

答：危险废物的减量化是指通过采用合适的管理和技术手段减少危险废物的产生量和危害性。企业在生产过程中采用环境友好的设计，使用清洁的能源和燃料，采用先进的工艺技术与设备，实施深入的清洁生产过程管理，加强危险废物在生产过程的回用等，都可以从源头最大限度地减少危险废物的产生量与危害性。例如，在电石法聚氯乙烯行业使用耗汞量低或无汞、使用寿命长的无（低）汞触媒以及高效汞回收生产工艺。在电子元件制造行业推广使用无铅焊料、废蚀刻液在线循环利用等清洁生产技术，都可以在源头明显减少危险废物的产生。在家庭生活中，可选购不产生或少产生危险废物的产品。如选用可反复充电的镍氢电池、锂电池取代一次性干电池或含汞、含镉、含铅量较高的蓄电池。

55 一般工业固体废物的源头减量控制技术有哪些？

答：在工业生产领域，可以通过开展产品生态设计、实施清洁生产等活动从源头尽量提高原料转化率，减少固体废物产生量。

工业固体废物减量化的途径有：

（1）优化产品设计，延长产品寿命。任何产品都有其使用寿命，寿命的长短取决于产品的质量。应开发可多次重复使用的制成品，取代只能一次性使用的产品，尽可能选用质量高的原料，优化生产过程和原材料的使用，减少单位产品物质消耗量，减少生产过程中废弃物的产生量。

（2）选用合适的生产原料。原料品位低、质量差，是造成固体废物大量产生的主要原因之一。因此要从源头上减少工业固体废物的产量，就要从原料改进入手，进行原料替代，采用清洁原料，减少废弃物产量，降低废物毒性。

（3）开展物料的综合利用。物料的综合利用是创建“无废生产”的首要方向，如果原料中的所有组分通过工业加工都能变成产品，就实现了“无废生产”的主要目标。通过综合利用，能降低原料的成本，提高工业生产的经济效益，减少工业污染。首先对原料的每个组分都建立物料平衡，按此寻找用户和主管部门，列出目前和将来有用的组分，制定单独提取或共同提取的方案，考虑生产规模和应该达到的技术水平。除了技术上的难度外，部门之间、行业之间的人为壁垒也需要综合协调和管理，以提升原料转化率为目标，加强组织开发体系，规划各种配套的联合生产体系和产业共生体系，利用已经产生和贮存的工业废料和二次资源。

（4）采用“无废工艺”或“少废工艺”。生产工艺落后是固体废物大量产生的主要原因。如果不从改革工艺着手，只着眼于“三废”的无害化处理，显然是一种舍本逐末的做法。创建“无废工艺”的关键在于改革旧工艺、开发新工艺，力求在生产过程中消除产生污染及产生废物的源头。结合技术改造，从工艺入手，采用无废或少废技术，从产生源消除或减少废物的产生。在原料规格、生产线路、工艺条件、设备选型和操作控制等方面加以合理改革，并创造条件利用高新技术，创建新型工艺和开发全新的流程，从而提高企业的生产效率和生产效益。实现清洁生产，力求在生产过程中消灭污染物产生的机会，尽量减少在生产过程外对污染物的消除。当然，由于改进工艺设备，开发全新工艺流程，实现清洁生产，在某些情况下并不能完全杜绝固体废物等污染物的产生，这就要依靠其他技术手段（如综合利用、末端治理等）来消除。

（5）改进生产设备，提高设备效率。优先采用资源转化效率高、不产生或尽可能少产生废物的设备。改进现有设备，提高物料回收利用率，发展专业化生产设备及优化操作流程，包括集中下料，科学套裁，采用计算机、光电跟踪、仿形数控切割等先进的下料方法及设备，以减少废弃物的排放量。

（6）建立过程废弃物循环系统，实现循环回收和利用。在企业的生产过程中，流失的原材料必须加以回收，经过适当处理后作为原料返回生产，尽可能提高原料利用率，降低回收成本，实现物料闭路循环。

56 建筑垃圾源头减量控制技术有哪些？

答： 建筑垃圾源头减量主要可通过推行绿色建筑与装配式建筑等来实现。

绿色建筑是指在建筑的全生命周期（包括建材生产，建筑物规划设计、施工、使用、管理及拆除等系列过程）内，消耗最少物质资源，使用最少能源及制造最少废弃物，为人们提供健康、适用和高效的使用空间并能与自然和谐共生的建筑物。

通过推广绿色建筑设计，扩大绿色建筑实施范围，推动高标准绿色建筑建设，强化绿色建筑施工过程监管，推动既有建筑绿色节能改造等措施可有效减少建筑垃圾源头产生量。

装配式建筑是指将传统建造方式中的大量现场作业工作转移到工厂进行，在工厂加工制作建筑用的构件和配件（如楼板、墙板、楼梯、阳台等），运输到建筑施工现场，通过可靠的连接方式在现场装配安装而成的建筑。装配式建筑是以构件工厂预制化生产现场装配式安装为模式，进行标准化设计、工厂化生产、装配化施工的建筑形式，可从建造阶段的建筑方式角度尽可能减少建筑垃圾的产生量。

装配式建筑和装配式建造方式在节能、节材、节水和减排方面的成效已在实际项目中得到证明。有关研究数据表明，装配式混凝土建设项目在施工过程中相比传统方式可减少建筑垃圾排放70%，节约木材60%，节约水泥砂浆55%，减少水资源消耗25%。装配式建筑还能从根本上改变施工现场“脏”“乱”“差”局面，有效降低建造过程大气污染和建筑垃圾的产生和排放，最大限度减少扬尘和噪声等环境污染。

57 市政污泥源头减量控制技术有哪些？

答： 市政污泥源头减量主要可通过选择污泥产量相对少的工艺技术、降低污泥含水率等路径实现。

在市政污水处理的技术选择上，采用好氧生物膜法，强化生物内源代谢提升有机物分解率；采用污泥消化技术、干化技术、深度脱水技术等都可以明显从源头减少污泥的产生量。

其中，污泥深度脱水技术脱水效率高且能耗低，是目前应用相对广泛和成熟的污泥减量化技术，分为前期调理和后续脱水两部分。首先，通过物理、化学或生物方法调理污泥，释放污泥中的自由水、间隙水、表面水及部分结合水，改善污泥脱水速率和过滤性能，污泥含水率可降到50%以下；后续脱水工艺主要是通过机械脱水或热干化法等进一步降低污泥含水率。相较于污泥直接热干化技术或机械脱水技术，深度脱水技术能够大幅降低能耗，提高脱水效率。

58 什么是清洁生产技术？

答：清洁生产技术是指对生态环境不产生负面或消极影响，或者产生的负面或消极影响在生态环境自身容量范围内，以及在减少这种负面或消极影响方面取得明显进步的生产技术。通俗而言，清洁生产技术就是进行无废、少废生产并实现生产过程的零排放，制造产品的绿色化和资源利用的最大化的技术。清洁生产技术是资源节约、环境友好技术的核心，在技术上具有可行性，在经济上具有可盈利性。

清洁生产技术具体可包括以下几方面内容：

（1）清洁的原料。原料清洁化主要包括开发有毒有害原料的清洁替代品，使用可再生原料，利用废弃物作原料、有毒有害原料的现场生产等。

（2）清洁的能源。清洁的能源包括可再生能源、氢能、燃料电池技术等的开发利用，也包括对传统化石能源的清洁化改造技术，如降低汽油含硫量、含苯量的技术，洁净煤利用技术等。

（3）清洁的溶剂。开发无毒无害的溶剂和助剂是发展清洁合成技术的重要途径，也可将原先有溶剂技术升级为无溶剂技术，彻底消除溶剂对环境的危害。

（4）绿色催化剂。以清洁生产为目的绿色催化剂开发技术。例如，采用光催化剂、酶催化剂来代替传统毒性较高、消耗量较大的催化剂。

（5）绿色反应生产过程。开发资源利用充分、目标产物收率高、污染排放量小的新反应路径，提高原子利用率和原子经济性，实现化工生产反应的清洁化。

（6）绿色分离技术。绿色分离追求的是节省能量、减少废物、减少循环、避免或减少有机溶剂的使用等。例如，目前超临界流体萃取、分子蒸馏以及膜分离都是清洁生产技术的研发应用方向。

（7）生产过程耦合技术。两个或两个以上的体系通过各种相互作用而彼此影响以至联合起来的现象叫耦合。将不同的生产过程（如分离与分离、反应与分离、反应与反应、吸热与放热等）进行耦合，可以大幅提高原子利用率，降低能耗，是缩短资源利用流程、提高资源利用效率和减少废物产生的有效方法。例如，热电联产就是应用非常广泛的生产过程耦合技术。

59 固体废物有哪些综合利用途径？

答：（1）提取有价值组分。固体废物中含有很多有价值的成分，可以进行回收提取。例如，从金属冶炼渣中提取铜、铁、金、银等稀有贵价金属；从粉煤灰中提取玻璃微珠；从煤矸石中回收硫铁矿；从生活垃圾中回收纸张、玻璃、金属、塑料等材料。

（2）生产化工产品。某些固体废物成分类似于生产化工产品的原料或具有某些化工产品所具有的成分，可用于生产化工产品。例如，用煤矸石生产分子筛，用铬渣代替石灰石作炼铁溶剂等。

（3）生产建筑材料。这是固体废物最大的资源化利用途径。如果某种固体废物的组成和性质接近某种建筑材料生产原料，就可考虑用这种固体废物代替这种建筑材料的生产原料使用。例如，高炉渣、粉煤灰、煤矸石、废旧塑料、污泥、尾矿、建筑材料等都可以用于生产建筑材料，包括轻质骨料、隔热保温材料、装饰板材、防水卷材及涂料、生化纤维板、再生混凝土等。

（4）生产农用产品。许多固体废物中含有农作物生长所需的元素，可作为农用肥料使用。例如，钢渣中含磷、粉煤灰中含硅等，尾矿中含钾、磷、锰、钼、锌等组分，在确保农业生产安全的前提下，可作为农作物的营养“微肥”使用。

（5）回收能源。固体废物中所含的生物质有机物、废塑料、煤矸石以及以有机成分为主的危险废物往往具有较高的热值，可以作为能源加以回收利用。例如，热值高的固体废物通过焚烧供热、发电；利用餐厨垃圾、植物秸秆、人畜粪便、市政污泥等经过发酵可生成可燃性的沼气。

60 废旧塑料如何循环再利用?

答: 废旧塑料循环再利用技术主要包括以下几种:

(1)直接再生。本质是机械回收技术,其原理是将废旧塑料经前处理分类破碎后直接塑化,再进行成型加工或造颗粒制成再生塑料制品,有些情况下需添加一定量的新树脂或适当的配合剂(如防老剂、润滑剂、稳定剂、增塑剂、着色剂等)。

(2)改性再生。通过物理或化学改性,改善或提高废旧塑料性能,然后再制成塑料制品。这种方式很少破坏塑料的聚合物大分子,其改性后仍然作为塑料制品使用。

(3)化学回收。化学回收技术的基本原理是将废旧塑料制品中原树脂高聚物的大分子链进行较彻底地分解,使其回到小分子状态，这些不同聚合度的小分子或单体化合物被作为高价值的化工产品使用。例如，将废塑料作为焦化厂原料可生产一系列化工产品。

（4）热能利用。无法回收利用的混杂废旧塑料，可作为燃料以回收其热能，同时应控制其二次污染。例如，钢铁行业具有消纳废塑料的功能，高炉喷吹废塑料作为热补偿可节能降耗，减少二氧化碳排放量。

61 废旧钢铁如何循环再利用？

答： 废旧钢铁主要来自企业自产废钢铁（炼钢、轧钢工序，

企业报废设备，建筑物等产生的废钢铁）及社会采购废钢铁（工业、运输、建筑、国防等领域和居民家庭产生的废钢铁）。废旧钢铁的循环再利用方式主要是作为钢铁工业的炼钢原料，废旧钢铁的加工过程包括打包、剪切、拆解、破碎、磁选等，废旧钢铁破碎生产线的产品是电炉炼钢的优质原料，具有收得率高、化学成分稳定、加料次数少、冶炼耗电低等优点。加大对废旧钢铁资源的回收和利用，是钢铁行业实现低碳转型发展的重要路径。

62 废纸如何再生利用？

答：（1）制造再生纸。这是废纸的最广泛利用途径。将废纸经过脱墨、纸纤维的净化、吸走油墨及杂质、造纸这四道工序，即可生产出与新纸用途一样的再生纸。

（2）用作包装材料，代替泡沫塑料等材料作为缓冲包装材料。例如，利用 100% 废纸制作蛋托，以及家用电器、瓷器、食品饮料等的包装材料。

（3）用作燃料。废纸的燃烧值较高，硫化物含量较低，因此，一些低品质及不适合回用的废纸可作为燃料使用。

63 废电池如何循环再利用？

答： 电池的种类繁多，其中含有大量的可再生资源。对于不同类别的废电池，应分别采用不同的技术进行循环再利

用：废干电池主要是回收金属锌、锰和其他有用物质；废镍镉电池主要是回收镍、镉等有价金属；废铅酸蓄电池则主要回收其中的铅等；目前废旧动力电池、废储能电池中的金属成分更为复杂，常见的有锂、钴、镍、锰等，均有较高的回收价值。

电池回收一般先进行破碎分选，再对可回收利用的部分进行回收。回收利用技术主要包括湿法和火法两大类。湿法技术是将电池中的金属元素与酸作用产生可溶性盐进入溶液，然后净化溶液并通过电解等方法生产金属或其他化工产品；火法技术是将废电池破碎后采用高温处理(包括真空热处理)，使金属及其化合物发生氧化、还原或分解等过程以回收有价资源，如回收锌、镍、锰、钴、铁等金属。

64 电子电器废弃物如何回收利用？

答： 电子电器废弃物包括废弃的电子电器产品及其生产过程中产生的废物，常见的包括废弃电视机、冰箱、洗衣机、空调、电脑、手机等。

对于生产者责任延伸制度覆盖的电子电器产品，废弃后应由原生产厂商直接回收，并将部分使用寿命较长、品质达标的零部件直接应用到新组装的产品中。根据各类电子电器产品的特点，回收的零部件可以在新产品生产的多个环节和层级上再次使用。

对于无法直接再利用的零部件，应根据其各自的组成特点分别进行分类处理，处理流程总体较类似。以废旧手机为例，其回收利用包括电子元器件、显示屏的再利用和电池、电线、金属部件、塑料等的分选回收。一般先通过拆解对有用部件进行回收利用并为后续处理做准备，接着对金属、塑料等进行粉碎，采用磁选、重力分选、涡电流分选等方法分选出塑料、铜、铅等有价材料。

分选出不同类型的材料后，可将其分别送至专业的材料回收制造厂商再生产制造各类工业产品。对于金属材料，采用湿法或火法冶金提取电子电器废物中金、银等贵金属，或者采取磁选回收废物中的铁；对于塑料材料，加工分离后的塑料可用于制取新产品，或将废塑料直接焚烧或与其他物质共同焚烧回收能量；对于玻璃材料，利用废显示器玻璃制造新的显示器材料，或者将电子电器产品中的玻璃用于其他生产。

65 生活垃圾是如何资源化利用的？

答：做好垃圾分类是生活垃圾资源化利用的前提和必要途径。城市生活垃圾首先通过分拣，其中的可回收物通过“再生资源回收体系”，回收其中的塑料、橡胶、纸张、玻璃、金属等有用资源；然后破碎至合适的粒径，利用风选、磁选等技术进一步分类回收有用资源；分选出的餐厨（厨余）垃圾经过油水分离后可用于堆肥或生产沼气等衍生燃料，其他垃圾可焚烧发电并回收热能。资源利用过程中产生的废气和废水，须经过处理达到相关标准后排放，废渣可用作各类建筑材料，无法进行再利用的废渣、飞灰等经过稳定化后可进行安全填埋处理。

66 危险废物的资源化利用技术有哪些？

答：危险废物的资源化是指采用工艺技术从危险废物中回收有用的物质与能量，同时减少危险废物对环境污染的过程。危险废物实行资源化利用，既能减少原材料的消耗而降低成本，又能降低危险废物的排出量，减少对环境的危害，有明显的环境效益、经济效益和社会效益。

可通过直接再利用（reuse）和再生利用（recycle）等不同资源化利用方法，将危险废物转化为有价值的二次原料和再生材料。

直接利用是指将废物作为原生产过程的某些原料的替代物，或者用于其他生产过程中的原料替代物。例如，用铬渣代替石灰石作炼铁熔剂，与原矿以一定的配比再次进入生产线熔炼；废包装桶不改变用途循环使用。

再生利用是利用一定的技术提取废物中有价值的材料。例如，采用火法冶金提取电子废物中金、银等贵金属；从废弃的印刷电路板中提取有价值的金属；提纯废有机溶剂；再生废催化剂。

危险废物的资源化利用首先应确保其安全性，包括生产安全、环境安全和人体安全。资源化利用后，不得有危险成分进入环境或生物链的风险。其次要考虑目前的工艺技术成熟程度，应该有相应的标准和技术规范。利用危险废物生产的原材料、燃料等资源化产品，应当符合国家有关产品质量标准。

67 建筑垃圾如何资源化利用？

答：建筑垃圾是指建筑、施工单位或个人对各类建筑物、构筑物、管网等进行建设、铺设、拆除、修缮及居民装饰房屋过程中所产生的固体废物。其资源化利用主要包括对工程渣土、废弃黏土砖、废弃混凝土、废有色金属材料和废钢材、废旧木材、废旧玻璃等不同材料的综合利用。

（1）工程渣土。主要是对一些废弃荒地或低洼处进行填埋，还可以用于路基填筑、桩基填料、地基处理等。

（2）废弃黏土砖。其再生利用途径较广，可被用于制备再生混凝土，也可制备再生细骨料用于配制砂浆，还可以用于制备环保砖或用作路基材料。

（3）废弃混凝土。通过分拣、破碎、筛得到再生粗骨料和细骨料，目前废弃混凝土的主要用途为制备再生混凝土或烧结生产多孔轻质材料，作为道路路基垫层以及生产环保砖。

（4）废有色金属材料和废钢材。作为再生建材重新利用，重新回炉后再锻造加工制造成各种规格、各种形式的有色金属材料和钢材。

（5）废旧木材。其可制造木质人造板、细木工板、木炭、木醋液、木煤气，制浆，生产氨基木材，作为造纸原料或作为燃料使用。

（6）废旧玻璃。废旧玻璃经回炉熔化后可拉成不同规格的玻璃纤维，用于纺织生产玻璃布，或用于配制建筑涂料、水泥瓦骨料等。

68 农业秸秆如何资源化利用？

答：农业秸秆目前综合利用的方法主要包括以下几种：

（1）直接还田利用。是指在收割时对秸秆进行粉碎并用作肥料直接返回到田里，可以起到补充和平衡土壤养分、改良土壤的作用，但直接还田方式容易导致未杀灭的虫卵病菌抗药性增强从而影响产量等。但由于秸秆利用对收储运成本高度敏感，还田利用已经成为目前最普遍的做法。

（2）肥料化利用。除秸秆粉碎还田技术这种应用非常普遍的技术外，秸秆覆盖还田技术、秸秆腐熟还田技术、秸秆生物反应堆技术、秸秆有机肥生产技术都有实际应用，其中秸秆有机肥生产技术应用最为广泛。该技术就是利用速腐剂中菌种制剂和各种酶类在一定湿度（秸秆持水量65%）和一定温度下（50～70℃）剧烈活动，释放能量，一方面将秸秆的纤维素很快分解；另一方面形成大量菌体蛋白，为植物直接吸收或转化为腐殖质。通过创造微生物正常繁殖的良好环境条件，促进微生物代谢进程，加速有机物料分解，放出并聚集热量，提高物料温度，杀灭病原菌和寄生虫卵，获得优质的有机肥料。

（3）材料化利用。是指秸秆可用于制备秸秆墙板等轻型建材，其保温性、装饰性与耐久性均属上乘，可作为木板和瓷砖的替代品应用于建筑行业；作为造纸制浆原料；制成可降解包装缓冲材料等。

（4）饲料化利用。是指秸秆可直接用作粗饲料，也可通过物理、化学或微生物发酵法将其加工成营养价值更高的精饲料进行利用。例如，作家畜饲料；作基料培养食用菌；培养蚯蚓等。

（5）能源化利用。秸秆作为生物质燃料可以用于直接焚烧发电，也可通过气化、发酵等技术制备燃气、乙醇等燃料，具体包括燃烧发电、热解气化、成型制炭、发酵制沼气。秸秆燃烧后的草木灰和制气产生的沼渣可以还田作肥料，沼液喂猪或养鱼。

我国农业秸秆往往存在产生过程较为分散、收储体系不够健全、粉碎还田成本高、政策措施不协同、技术支撑不完善等问题，因此资源化利用的具体方式需要充分结合具体情况予以合理选择。

69 畜禽粪便如何资源化利用？

答：畜禽粪便产生量大，水分含量往往很高，有机质和氮、磷等营养元素含量也较高，具有较高的资源化利用价值。

（1）牛粪便。可厌氧发酵制备沼气；制备固体燃料颗粒；

利用生物转化技术，转化为高品质生物蛋白；作为栽培牧草、烟草及食用菌的基料；好氧堆肥后，转化为肥料还田使用；经固液分离后，作为奶牛的卧床垫料。

（2）猪粪便。可厌氧发酵制备沼气，沼渣还田；有机垫料上加入菌种异位发酵养猪；粪污短时间内被微生物降解；好氧堆肥后，转化为肥料还田使用。

（3）鸡粪便。可厌氧发酵制备沼气；禽类消化道短，粪污中营养物质含量高，可制作蛋白饲料；利用蝇蛆取食，将粪污中的营养物质转化为动物蛋白；通过好氧菌发酵，制成有机肥还田利用或加工出售。

70 餐厨垃圾如何资源化利用？

答： 餐厨垃圾的含水率很高，油脂、蛋白等有机物和盐含量也较高，其利用途径可概括为三类：饲料化、肥料化、能源化。

对于没有变质的餐厨垃圾应进行饲料化利用，如尚未变质的剩饭可以作为饲料，用于农场（养殖场）饲养家畜或在饲料加工厂加工成动物饲料，在具体利用过程中需要对餐厨垃圾进行收集、蒸汽消毒等。

对于不能达到饲料化应用的餐厨垃圾优先进行肥料化。肥料化利用途径可分为好氧堆肥和厌氧消化，厌氧消化不仅可生产肥料，还产生沼气可进行能源化利用。通过堆肥或厌氧发酵技术对餐厨垃圾中的有机质和营养元素等资源进行回收利用，在资源化利用生产农用有机肥料的同时，也可实现垃圾的稳定化、无害化。

如果餐厨垃圾混有杂质导致肥料化处理成本较高，则只能进入垃圾焚烧或填埋场处置。因此，应当在餐厨垃圾收集源头加强分类控制，以保障后端的高效稳定利用。

71 市政污泥如何资源化利用？

答：市政污泥资源化利用的方法主要包括农田处理、制燃气燃油及作为建材生产原料等。

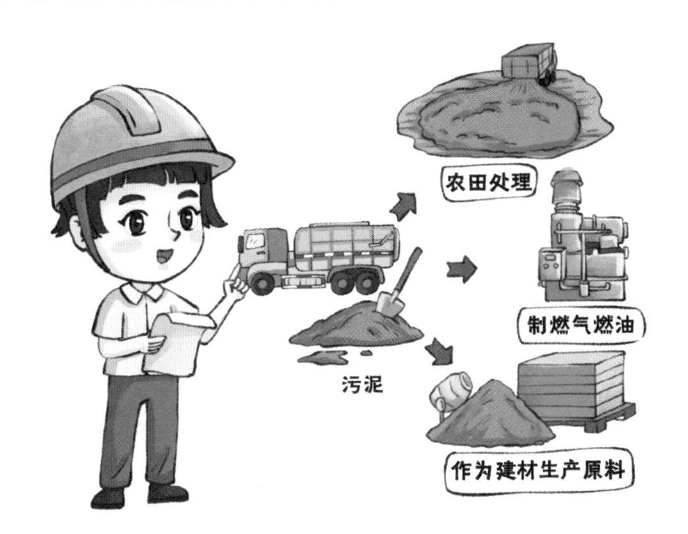

市政污泥中的微量元素和腐殖质等有机质有利于农作物生长，但部分地区市政污水与工业废水混合，污泥中可能会掺杂重金属离子，因此农业利用是一项有待评估的措施，市政污泥在农田处理利用时需要谨慎。

市政污泥还可以通过厌氧发酵、热解、生物制氢等技术制备甲烷、生物油、氢气等燃气、燃油，同时实现市政污泥的无害化处理，其应用前景比较广阔。

将污泥与其他材料混合加工制备陶粒、烧结砖、水泥等建筑材料是另一种有效的资源化途径，但此法对污泥的低含水率要求较高。

72 固体废物的处理处置方式有哪些？

答：固体废物的处理处置方式既包括固体废物的处理过程，也包括终端的安全处置。

固体废物的主要处理方式包括物理处理、化学处理和生物处理。

（1）物理处理。在对固体废物进行综合利用和最终处置之前，往往需要进行物理处理，包括压实、破碎、分选、脱水、浸出、固化等。

（2）化学处理。包括使固体废物中有用物质转化为能源的焚烧、热解等高温处理过程，如垃圾焚烧发电、秸秆热解制气；废酸、废碱的中和处理；焚烧飞灰的稳定化处理等。

（3）生物处理。利用微生物（如细菌、真菌、放线菌等）、动物（如蚯蚓等）或植物的生物化学作用处理固体废物，将复杂有机物分解为简单物质，将有害物质转化为无害物质。常见的方法有好氧堆肥、厌氧消化、饲养蚯蚓等。

固体废物的最终处置方法分为浅地层处置和深地层处置。浅地层处置是指在浅地层（深度一般在地面下 50 m 以内）处置固体废物，按照固体废物的类别，浅地层处置可分为生活垃圾卫生填埋、危险废物安全填埋、一般工业固体废物填埋。深地层处置是在深地层处置废物，通常包括废矿井处置和深井灌注。

卫生填埋是指对城市生活垃圾在卫生填埋场进行的填埋处置。目前，卫生填埋具有成本低、处理量大、操作简便等特点，在世界上许多国家得到广泛应用。为了防止填埋废物与周边环境接触，尤其是防止地下水污染，卫生填埋场要满足规划选址标准、工程建设标准、工艺技术标准、操作运行标准和环境污染控制标准。卫生填埋要求对填埋场场地进行工程化防渗，有完善的垃圾渗滤液处理系统，并对填埋气体进行有效收集和利用，辅以日常运行的规范管理，如此才能有效控制其对周边环境的影响。由于我国城市人口规模巨大，生活垃圾产生量巨大且高度集中，如继续采用填埋处置方式会大量占用土地资源，因此，当前对生活垃圾的处理越来越青睐减量化效果更加明显的焚烧处理。

安全填埋主要用于处置危险废物。为了防止填埋废物与周边环境接触，确保周边地下水等环境安全，安全填埋场在设计上除了必须严格选择具有适宜的水文地质条件和满足其他条件的场址外，还要求在填埋场底部铺设高密度聚乙烯材料的双层衬里，并配置有地表径流控制、浸出液与沼气的收集和处理、监测井及适当的最终覆盖层。在操作上必须严格限定入场处置的废物，进行分区、分单元填埋，每天压实覆盖物。封场后的维护管理也需要特别注意，通常要求封场后持续维护管理 20 年以上。

73 危险废物如何处理处置？

答： 处置是将固体废物焚烧和用其他改变固体废物的物理、化学、生物特性的方法，达到减少已产生的固体废物数量、缩小固体废物体积、减少或者消除其危险成分的活动，或者将固体废物最终置于符合环境保护规定要求的填埋场的活动。危险废物处理处置主要包括焚烧处置和填埋处置两种方式。

危险废物处理处置过程中，焚烧是一种重要的技术手段，即通过高温破坏和改变固体废物的组成和结构，同时达到减容、无害化或综合利用的目的。相对其他方法如化学消毒，焚烧具有以下优点：①危险废物的体积和质量均减少。②危险废物减量速度快。③排气较易控制、污染较小。④可以完全有效地处理危险废物。⑤用热能回收技术可降低运行成本。

填埋是固体废物的一种陆地处置手段。填埋处置场有明确界线，一般由若干个处置单元和构筑物组成，主要包括废物预处理设施、废物填埋设施和渗滤液收集处理设施。

74 医疗废物如何处理处置？

答： 根据医疗废物的类别，将医疗废物分置于符合《医疗废物专用包装物、容器的标准和警示标识的规定》要求的包装物或者容器内，且在盛装医疗废物前，应当对医疗废物包装物或者容器进行认真检查，确保无破损、渗漏和其他缺陷。

感染性废物、病理性废物、损伤性废物、药物性废物及化学性废物不能混合收集。少量的药物性废物可以混入感染性废物，但应当在标签上注明。废弃的麻醉性、精神性、放射性、毒性等药品及相关废物的管理，依照有关法律、行政法规和国家的有关规定、标准执行。

化学性废物中批量的废化学试剂、废消毒剂应当交由专门机构处置。批量的含有汞的体温计、血压计等医疗器具报废时，也应当交由专门机构处置。医疗废物中病原体的培养基、标本，菌种、毒种保存液等高危险废物，应当首选在产生地点进行压力蒸汽灭菌或者化学消毒处理，然后按感染性废物收集处理。

隔离的传染病病人或者疑似传染病病人产生的具有传染性的排泄物，应当按照国家规定严格消毒，达到国家规定的排放标准后方可排入污水处理系统。隔离的传染病病人或者疑似传染病病人产生的医疗废物应当使用双层包装物，并及时密封。放入包装物或者容器内的感染性废物、病理性废物、损伤性废物不得取出。

盛装的医疗废物体积达到包装物或者容器容积的3/4时，

应当封存，并使用有效的封口方式，使包装物或者容器的封口紧实、严密，存放或运输期间不得泄漏。包装物或者容器的外表面被感染性废物污染时，应当对被污染处进行消毒处理或者增加一层包装，并在每个包装物、容器外表面标注警示标识。

75 建筑垃圾如何利用处置？

答：建筑垃圾的综合利用方式包括工程回填、制作路基等功能利用和再生混凝土、再生砂浆等产品利用。

在建筑垃圾产生的现场，应先组织专业的分拣人员，对建筑垃圾进行分类分拣，区分可回收和不可回收部分。对于可回

收的，进行分拣分类后，分别集中送到资源回收站进行回收处理。对于不可回收的，可优先送到有需求的道路或者工地，采取堆填等方式进行综合利用；对于仍然无法处置的建筑垃圾，可由运输车辆运输到指定的消纳填埋场集中堆放处置。

76 生活垃圾如何处理处置？

答：生活垃圾的处理处置涉及垃圾分类、收集、转运、利用、处置等多个环节。生活垃圾应由居民分类收集并投放到固定的垃圾收集点，由环卫部门统一出车收集，厨余垃圾由专车运往指定地点进行饲料化、肥料化、燃料化利用；废塑料、废金属、废玻璃、废纸张、废纺织物品等可回收物应统一收集后由专门的再生资源回收网点送至资源再生企业循

环再生；废铅蓄电池、废日光灯管等有害垃圾应统一收集后交给有收集、运输和处置资质的机构处理处置；其他垃圾则由生活垃圾收运车集中转运至转运站进行压缩中转后，再进行焚烧或填埋等末端处置。

77 如何防范控制固体废物处置利用过程中的二次污染和危害？

答： 固体废物的综合利用和处理处置过程容易产生恶臭气体、粉尘、噪声、渗滤液等衍生污染物影响周边环境，使得相关处置利用项目受到周边居民的广泛抵制，这也是邻避效应的重要成因。例如，垃圾填埋场运行管理不当会产生严重的大气污染、水污染等问题。

固体废物利用处置过程的二次污染控制应采取整体预防的环境策略，减少或消除其对人类健康和环境的可能危害，同时充分实现其社会经济价值。防范与控制二次污染的措施主要包括以下几个方面：

（1）控制固体废物处置设施原辅料成分。例如，通过控制进入填埋场的垃圾成分如餐厨垃圾和其他易腐有机垃圾来减少臭气的产生；控制含氯塑料进入垃圾焚烧炉减少二噁英等持久性有机污染物的产生量和危害。

（2）加强污染物监测与处理。建立完善的环境监测体系，严格监控固体废物处置利用场所及其周围的大气、地表水、地下水、土壤等环境状况。同时，加强对废气和废水的收集，对含能废气收集后可通过设置火炬或对其进行利用，疏导和收集渗滤液等废水并处理达标后排放，以控制其污染和危害。

（3）提升设施运维管理水平。有规章制度和操作规程可循，通过管理流程监督其实施。通过控制运行条件研究硫化氢、氨等恶臭或有害废气的析出特征，确定最佳温度、供氧速率等条件。

（4）加强废物综合利用。对固体废物处理过程中的中间产物或处理后的产物进行回收或综合利用，提高利用率。如对轮胎热解炭黑的高值化利用；园林垃圾应优先选择制作生活颗粒燃料或与有机垃圾混合发酵产沼气实现热 - 电 - 肥联产的处理模式。

78 水泥窑适合协同处置的固体废物有哪些？

答：水泥窑协同处置之所以能够称为废物的处理方式，主要是因为废物能够为水泥生产所用，可以用替代原料或替代燃料的形式参与水泥熟料的煅烧过程，燃烧产生的废气和粉尘通过水泥生产线配备的高效收尘设备净化后排入大气，收集到的粉尘则循环利用，可达到既生产了水泥熟料又处理了废物，同时减少环境负荷的良好效果。

水泥窑可以处理的废物包括生活垃圾、各种污泥（下水道淤泥、造纸厂污泥、河道污泥、污水处理厂污泥等）、工业固体废物（粉煤灰、高炉渣、煤矸石、硅藻土、废石膏等）、危险废物（非卤化废有机溶剂、废矿物油、废油漆、焚烧飞灰等）、各种有机废物（废橡胶、废塑料等）。

根据废物的成分和性质，不同废物在水泥生产过程中的用途不同，主要包括以下两个方面：①替代燃料，主要为高热值有机废物。用作替代燃料的废物必须有足够的热值，使得部分取代常规燃料后所节省的燃料费足以支付废料的收集、分类、加工、贮运的费用。②替代原料，主要为低热值无机矿物材料废物。此外，固体废物还可以用作水泥粉磨阶段的添加物。

使用水泥窑协同处置废物，应当注意以下两个方面的要求：

①废物原料收集供给。应委托专业公司进行废物的收集、加工，为水泥工厂提供品质稳定的成品。由专业公司生产的废物替代燃料或废物替代原料，通常有较大的产量以符合成本效益的原则。另外专业公司必须对收集回收的各类废物进行严格的加工处理（废轮胎无须加工，可直接送至水泥），通常要完成破碎、烘干、配料等主要工作，以确保废物达到颗粒较小、含水率较低、热值均匀可用等技术要求。

②工艺流程控制。选择的废物必须能满足水泥窑的工艺流程需要。可燃废物的形态、水分含量、燃点等都会决定使用过程的工艺流程设计，而这个设计必须与原有水泥窑的工艺流程实现很好的配合。新型干法水泥窑需严格控制氧化钠、氧化钾、氯离子这类有害成分的含量，应以不影响工艺技术要求为准，不能影响水泥产品质量，也不能对生产设备造成破坏。

79 水泥窑协同处置废物有哪些技术优势？

答：水泥窑协同处置废物的优势主要有：①焚烧温度高，停留时间长，能对废物中的有毒有害成分进行彻底地“摧毁”

和“解毒”；②适应性强，焚烧状态稳定；有良好的湍流，并且没有废渣排出；③碱性的环境气氛，可有效抑制酸性物质的排放，便于其尾气净化，废气处理效果良好；④利用水泥窑协同处置废物，虽然需要在工艺设备和给料设施方面进行必要的改造，并需新建废物贮存和预处理设施，但与新建专用焚烧厂相比，可以大大节省投资，减少选址困难。

80 填埋场使用结束后怎么办？

答：生活垃圾填埋场使用结束后，一般要经过 30 ～ 50 年才能稳定达到无害化，而工业固体废物特别是危险废物填埋场则有可能永远不会降低其对环境的威胁，所以经营者需要做好以下工作：保持最终覆盖层的完整性和有效性。进行必要的维修以消除沉降和凹陷以及其他因素的影响；建立常规性监测检漏系统；继续运营渗滤液的收排系统，直到无渗滤液检出为止；运行维护和监测地下水监测系统和任何相关测量基准。

各危险废物填埋审批单位都应根据有关的指南和规定，按照其中制定的填埋封场步骤，制订填埋场的封闭和善后处理计划，并据此分步实施。填埋场的善后计划应考虑封场后需要维护工作的延续年限，至少 30 年。这段时间具有随机性，可根据填埋封闭后的污染物具体迁移数据资料作适当的延长或缩短。妥善封闭的填埋场能达到一般使用要求，如用作停车场和开放性场地。但如一旦确定将填埋场如此复用，加强覆盖层设施和封场后地面逸散物的监测就非常重要。

以下任务是填埋场长期运维计划的一部分：

（1）地表护理。地表护理包括对侵蚀破坏地表土壤环境和生态系统的修复，定期控制深层根植物的周期性消除和挖洞动物。

（2）定期监测并保存记录。管理部门须至少按年开展场地监测和进行总结报告，例如，记录渗滤液收集、运输、处理的数量和日期。

（3）对产生的气体、渗滤液、地下水、地表水开展监测。对填埋场气体和渗滤液控制系统开展监测将为填埋场保养提供有价值的信息，尽可能地发现各种问题，并迅速采取修复治理等应对行动。

（4）渗滤液的收集和处理。对填埋场中设置的渗滤液收集系统，即使在封场之后也应继续关注。应维护渗滤液收集系统以保证其有效运行。这一工作包括：周期性地清理渗滤液收集管道，清理收集池，清理和维修泵站。收集的渗滤液必须得到妥善的处理处置，必须保留说明渗滤液处理数量和水质的记录。渗滤液的数量可能随季节变化，应合理设置和调整监测频次，直到无渗滤液检出为止。

（5）填埋场产出气体的处置。填埋场产出气体控制系统可以采取主动式或被动式两种方式。主动式系统以导气、点火、燃烧或回收等方式收集气体。如果能收集到足够多的气体，则可以进行回收利用。无论是否安装控制或回收系统，都应定期对主动式系统中的送风机和泵等关键设备进行维护。被动式系统中运行气体以自燃方式燃烧后逸出进入大气环境。

第四部分

“无废城市”的市场体系

81 “无废城市”建设需要哪些产业？

答：一般工业固体废物、生活垃圾、建筑垃圾、农业固体废物、危险废物等各类固体废物产生后涉及收集、贮存、运输、再生、利用、处置的生命周期全过程，每类固体废物每个环节都需要相应的产业体系来支撑运转。

从生命周期的不同环节来看，各类固体废物特别是生活垃圾的分类已经形成单独的产业，相关设备设施的智能化水平不断提高。固体废物的清理、运输、贮存是典型的专业物流服务产业，如公共场所的各类垃圾清运属于公共卫生保洁行业。除流通产业外，固体废物需要的产业主要包括资源再生循环、固体废物资源化利用、生活垃圾（含餐厨垃圾）处理处置、危险废物资源化利用及处置、建筑垃圾资源化利用、农业废弃物资源化利用等方面的细分产业门类。

在上述过程中，所有的设备、材料、药剂的生产制造均涉及更为庞大复杂的通用与专用装备制造业和专业化学品生产制造业，其中专业类如垃圾清运车辆、智能垃圾分类设备、垃圾焚烧炉等均属于环保装备制造业，也有部分设备及材料如电机、HDPE 膜等分别属于通用设备制造、塑料制造业。

82 “无废城市”建设应形成哪些产业模式？

答：“无废城市”的产业模式形成覆盖城市生产、流通、消费等经济活动的基本过程，微观上应以企业、家庭、学校、医院等城市细胞为重点；中观上应以园区、社区等具有特殊功能的城市功能器官为重点；宏观上应以城区、乡村等城市功能分区推动实现实用化、差异化发展。高层级的“无废城市”产业模式的形成需要以低层级的实现为基础，同时城市整体“无废”产业体系建设又可更好地带动“无废细胞”的建设。

在微观层面，应在生产端大力推动“无废工厂”“无废企业”的建设，尽量从生产源头减少废弃物和有毒有害物质的排放，最大限度地利用可再生资源和能量，同时提高产品的耐用性、可回收循环能力等；在消费端，应培养家庭成员节水节能的生活习惯，杜绝铺张浪费，尽可能减少废弃材料、厨余垃圾、废旧家电的产生，对各类废弃的物品（如纸张等）尽可能进行二次利用、重复利用，鼓励家庭间对低利用率产品的共享，促进共享经济发展；在废物产生后做好垃圾分类，提高分类效率和水平，保障后续各类静脉产业、环保产业的有序、健康发展，应及时外售废旧资源促进其再生回收利用，对废旧蓄电池、灯管等有害垃圾做好保存管理并及时转交垃圾分类回收点，尽可能减少厨余垃圾中的杂物和水分。学校、医院、政府机关等各类城市细胞也应结合自身特点做好各类废物管理，衔接后端固体废物清运、回收、处置、利用等相关产业，有力支撑其稳定发展。

在中观层面，生产端、流通端应以各类工业园区、物流园区、农产品基地、文旅区等为主要载体。对城市细胞内无法消化的有价值废物，通过产业共生实现就地就近“变废为宝”，也可专门招商引资引入资源再生产业、资源化利用企业、再制造产业等，补齐循环经济链条，促进形成“无废园区”产业模式。农业应推动种养循环等生态农业模式，促进畜禽粪便、秸秆等农业废弃物的资源化利用。在消费端以社区等为主要载体，完善再生资源、废旧电子电器产品、餐厨垃圾、有害垃圾、大件垃圾、其他垃圾的分类收集基础设施和管理体系，充分运用互联网、物联网等现代化信息手段，实现垃圾分类和再生资源回收的“两网融合”，加强二手资源、废旧物资的流通，丰富共享经济业态，提升餐厨垃圾发酵沤肥产生的营养液、沼气、沼液等资源化产品在区域绿化、种植、用能等方面的应用，通过类似方式减少各类垃圾的清运量和末端处理压力，形成“无废社区”的产业模式。

在宏观层面，根据城区、乡村的不同特点，以资源节约、环境友好为目标，有针对性地推动形成“无废社会”的产业模式。一方面，需要在“无废细胞”“无废器官”工作的基础上，发展静脉产业，进一步补齐各类废物资源化的循环经济产业链条和能力短板，构建城市和乡村的“无废”产业生态系统，对于本地难以形成规模化利用处置产业能力的固体废物，应加强与周边城市相关产业的衔接，确保废物有序流通，减少对环境的负面影响；另一方面，应注重开展区域“无废社会”产业体系发展建设的顶层设计，充分发挥政府和相关机构在区域经济发展中的宏观调控作用，及时发现产业能力短板，针对性出台相关产业调控政策，引导“无废社会”产业模式的有序、健康发展。

上述三个层面的模式是相互渗透、相互依赖、相互支撑的，不能独立分散运转，需要有机融合。

83 如何建设“无废城市”的市场体系？

答：市场体系是“无废城市”建设的核心组成部分。“谁污染，谁治理”的废物末端治理的付费模式，会使企业和地方政府承受明显的经济负担，这无疑不利于“无废城市”建设工作的开展。“无废城市”建设要想取得成功，必须建立专业、高效、健康的市场体系，通过市场化手段解决各类固体废物问题。

具体的实践过程中，在政府职能方面，应优化市场营商环境，鼓励各类市场主体参与“无废城市”建设工作；落实有利于固体废物资源化利用和无害化处置的税收、价格、收费政策；探索建立生活垃圾分类计价、计量收费制度。按照合理盈利原则，探索建立以乡镇、村、企业或经纪人为主体的秸秆收集储存体系。建立政府固体废物环境管理平台与市场化固体废物公共交易平台信息交换机制，充分运用物联网、全球定位系统等信息技术，实现固体废物收集、转移、处置环节信息化、可视化和管理决策的智能化，在提高监督管理效率和水平的同时，不断提高固体废物治理产业的现代化发展水平。

在金融财政政策方面，鼓励金融机构加大对“无废城市”建设的金融支持力度。加强“无废城市”建设的市场化投融资机制和商业模式探索，深化政银合作，更好地发挥社会资本的市场配置作用。提升各级政府对资源综合利用产品的采购支持力度。以政府为责任主体，推动固体废物收集、利用与处置工程项目和设施建设运行，在不增加地方政府债务的前提下，依法合规探索采用第三方治理或生态环境导向的开发（EOD）模式，实现与社会资本风险共担、收益共享。

在市场主体培育方面，应鼓励专业化第三方机构从事固体废物资源化利用、环境污染治理与咨询服务，打造一批固体废物资源化利用骨干企业。发展“互联网 +”固体废物处理产业，推广回收新技术、新模式，鼓励生产企业与销售商合作，优化逆向物流体系建设，支持再生资源回收企业建立在线交易平台，完善线下回收网点，实现线上交互与线下回收有机结合。应充分发挥循环经济、资源再生、固体废物处理等行业协会作用，推动行业有序、规范、健康发展。

84 如何发展“无废”农业？

答：发展“无废”农业的主要途径如下：发展生态种植、生态养殖，建立农业循环经济发展模式，促进农业固体废物综合利用。以龙头企业带动工农复合型产业发展，推动各类农副产品原料生产、加工和食品加工、深加工产业链不断延伸。鼓励和引导农民采用增施有机肥、秸秆还田、种植绿肥等技术，持续减少化肥、农药使用比例。充分挖掘各类农业废弃物材料化、饲料化、肥料化、能源化利用的商业机遇，加大畜禽粪污和秸秆资源化利用先进技术和新型市场模式的集成推广，推动形成长效运行机制。精减各类农用生产资料的包装，探索推动农膜、农药包装等生产者责任延伸制度，着力构建回收体系。统筹农业固体废物能源化利用和农村清洁能源供应，推动农村发展生物质能，加大太阳能、沼气、秸秆等生物质能、风电等可再生能源的开发力度。

在实际工作中，需要注意乡村地区的特点是固体废物产生量较大但是分散程度高、回收成本较高，要形成地方财政可支撑、可持续运行的固体废物治理产业，处置利用方式和盈利模式非常关键，要有稳定的第三方市场主体持续运营，有组织制度和技术保障。

85 什么是城市矿产？

答：城市矿产又称城市矿山、都市矿山，是指城市中某些可回收、可再生的资源，是对应于自然资源矿产的一个类比概念。从自然资源矿产中，人们可以开采获取各种金属、非金属资源和能源，并可进一步加工得到金属、玻璃、塑料、混凝土等材料。城市矿产是指产生和蕴藏于城市中的淘汰汽车、家电、电子产品、废旧机电设备、电线电缆、通信工具等废弃产品及废旧金属、塑料、玻璃等废弃材料，可通过循环再生形成钢铁、有色金属、贵金属、非金属、有机合成材料等原料矿产资源。充分开发城市矿产，实现再生材料对原生材料的替代，可明显缓解资源对发展的瓶颈约束，大幅减轻环境污染，有效提升资源环境的可持续性。

86 什么是静脉产业？

答：静脉产业是一个生物学类比概念。在生物学上，血液通过动脉从心脏将氧气送往全身，在氧气被消耗转化成为二氧化碳后再将其通过静脉返回心脏。如果将自然界原生资源的开采使用过程类比为动脉产业，则将产生的各类废弃物通过回收、资源化等方式转换成各种再生资源的过程就是静脉产业。

静脉产业，即资源再生利用产业，是以保障环境安全为前提，以节约资源、保护环境为目的，运用先进的技术，将生产和消费过程中产生的废物转化为可再生利用的资源和产品，实现各类废物再利用和资源化的产业，包括废物转化为再生资源及将再生资源加工为产品两个过程。

静脉产业尽可能地把传统的“资源—产品—废弃物”的线性经济模式改造为“资源—产品—再生资源”的闭环经济模式，减少对原生自然资源的开采，注重资源的循环利用，从而将社会经济系统对自然生态系统的影响降到最低程度。

87 什么是绿色产品？

答：绿色产品又称环境友好产品或生态设计产品，是指从生产到使用及回收的全过程都符合环境保护的要求，能高效利用和转化资源、能源，对环境无害或少害，通过利用再生资源生产或者可回收循环的产品。绿色产品需要通过国家权威机构的认证。

绿色产品从功能上可分为两大类：一类是绝对绿色产品，是指具有改善环境功能的产品，如用于消除污染的净化设备等；另一类是相对绿色产品，是指可以减少或消除环境危害的产品，如再生纸等。

绿色产品一般具备以下特征：

（1）技术先进性。产品的全生命周期都尽可能采用先进的技术，这里的先进技术并不是指结构复杂、功能冗余的技术，而是指结构简单、制造方便、功能性强、性能可靠、易于维修以及报废后有利于回收再利用的技术。

（2）绿色性。产品的绿色性包括节省能源和资源，保护环境以及劳动者等方面。

（3）经济性。产品对企业而言应是低成本、高利润的；对用户而言应是物美价廉的。

（4）生命周期性。绿色产品的技术先进性、绿色性和经济性都应该体现在产品全生命周期，而不是某一生产制造或回收利用环节。在进行绿色产品设计和评价时，应从产品的整个生命周期进行考虑，最终实现产品的技术先进性、绿色性和经济性的最大化。

绿色产品的范围很广泛，绿色食品、绿色纺织品、绿色化学品、绿色材料、绿色建筑、绿色家电、绿色汽车等都在

绿色产品的范围内。

按照相关的认证管理要求，广义的绿色食品具体可分为无公害农产品、绿色食品、有机产品，统称为“三品”，这三类产品的安全等级呈金字塔状。其产地必须符合生态环境质量的标准，其生产过程中尽可能不使用或限量使用人工合成化学物质，其产品及包装等必须符合相应标准，并经过专门机构认证。目前仍在使用的认证管理制度是绿色食品和有机食品。

绿色纺织品是指不含有害物质的纺织品，对人体绝对安全，其在生产、使用以及废物处理的过程中，均不会对人类和环境产生不利的影响。

绿色化学品是指对人体和环境无毒害的化学品。绿色化学品的原料应是可再生的，产品本身不会对环境和人类健康造成危害，在使用后可循环再生或在环境中容易降解为无害物质。

绿色材料又称环境友好材料，是指那些具有良好使用性能或功能，资源和能源转化率高，对生态环境污染小，不危害人体健康，可降解循环利用或再生利用率高，在制备、使用、废弃、再生循环的全生命周期过程中，都对环境友好的材料，常见的绿色材料有可降解塑料、超微粉末等。

绿色建筑是指在建筑设计、建造和使用的全生命周期内，均最大限度地节约资源（节能、节地、节水、节材），充分考虑了环境保护要求，并可为人们提供健康、舒适和高效使用空间的建筑。

绿色家电是指在质量合格的前提下，高效节能且在使用过程中不对人类和周围环境造成伤害，在报废后还可以回收利用的家电产品。

绿色汽车通常是指那些在开发和使用过程中对环境污染和生态破坏较小，使用健康且安全，在特定的技术标准下生产出来的汽车产品。例如，电动汽车、混合动力汽车在使用过程中能量转化效率更高，对空气环境影响较小，是相对绿色的汽车产品。

88 什么是绿色矿山？

答：绿色矿山是指在矿产资源开发全过程中，实施科学有序开采，对矿区及周边生态环境扰动控制在可控制范围内，实现环境生态化、开采方式科学化、资源利用高效化、管理信息数字化和矿区社区和谐化的矿山。绿色矿山是从地质勘探、矿山设计与建设、采选冶炼加工到矿山闭坑后的生态环境恢复重建的全过程，都按照资源利用集约化、开采方式科学化、企业管理规范化、生产工艺环保化、矿山环境生态化的要求开发经营，将对矿区及周边生态环境的扰动限制在可控范围内，以实现矿产资源开发与生态环境保护协调发展和矿业经济的持续健康发展。对于矿山开发过程中必然产生的污染、矿山地质灾害、生态破坏失衡等问题，应当采取科学设计、先进合理的有效措施，确保对矿山存在、发展直至终结的生命周期全过程，最大限度地予以恢复治理或转化创新，始终与周边环境相协调，提升可持续发展能力。

建设绿色矿山就是以矿山资源节约集约利用和环境保护

为基本出发点，以规范管理、技术创新、节能减排、生态修复等为手段，以实现社会效益、经济效益、资源效益、生态环境效益协调统一为最终目的，将可持续发展理念贯穿矿山建设、生产全过程。

89 什么是绿色供应链？

答：绿色供应链是一种在整个供应链中综合考虑环境影响和资源效率的现代管理模式，其以绿色制造理论和供应链管理技术为基础，涉及供应商、制造商、销售商和用户，其目的是使产品从物料获取、加工、包装、仓储、运输、使用到报废处理的整个过程对环境的影响（副作用）最小，资源效率最高。

传统意义上的绿色供应实体链的参与者包括供应商、制造商、分销商、零售商、用户和物流商；实施环节包括绿色采购、绿色设计、绿色制造、绿色分销、绿色物流、绿色消费和绿色回收等。随着时代的发展、生产环境的变化，绿色供应链可以在实体供应链的基础扩展开来，形成绿色供应链生态系统。

90 什么是绿色制造？

答：绿色制造是指现代制造业的可持续发展模式，是一种在保证产品的功能、质量及成本约束的前提下，综合考虑环境影响和资源效率的现代制造模式。通过开展技术创新及系统优化，使产品在设计、制造、物流、使用、回收、拆解与再利用等生命周期过程中，对环境影响最小、资源利用效率最高、对人体健康与社会危害最小，并最终实现企业经济效益和社会效益的持续协调优化。

在世界各国环保意识不断增强的大趋势下，绿色制造在全球制造业中的地位越来越重要，其推广与普及是实现可持续发展的重要一步。绿色制造是支撑我国工业文明转型发展的重点领域，其要求加大先进节能环保技术、工艺和装备的研发力度，加快制造业绿色改造升级；积极推行低碳化、循环化和集约化，提高制造业资源利用效率；强化产品全生命周期绿色管理，努力构建高效、清洁、低碳、循环的绿色制造体系。

91 什么是生态工业园区？

答：生态工业园区是依据清洁生产要求、循环经济理念和工业生态学原理，对传统工业园区进行优化设计的一种资源节约型、环境友好型的工业园区。其通过物质流动或能量传递等方式将不同工厂或企业连接起来，形成共享资源和副产品交易的产业共生组合，使一家工厂的副产品或废弃物成为另一家工厂的原料或能源，模拟自然生态系统中“生产者-消费者-分解者”的食物链过程，在产业系统中建立类似基于副产品和废弃物的产业共生关系，寻求物质闭路循环、能源梯级利用和废物产生最小化。

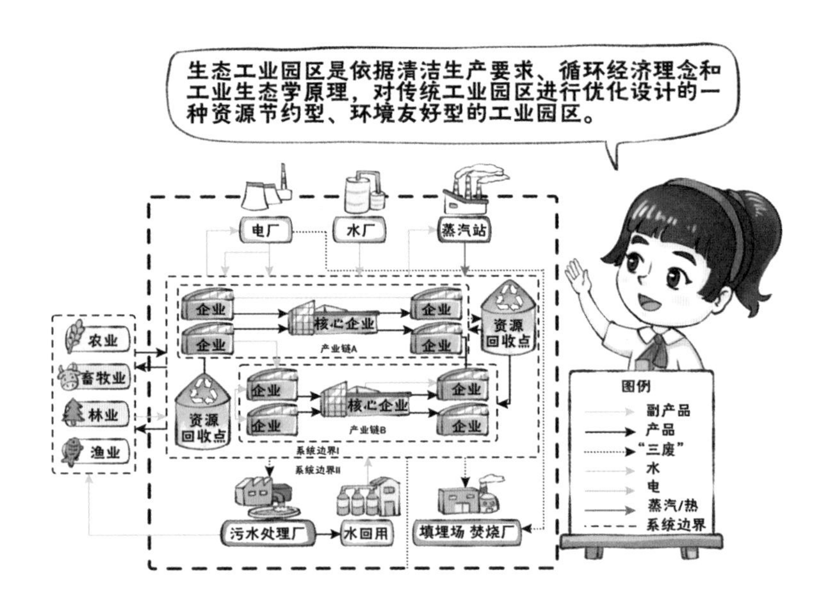

在生态工业园区中，企业之间、企业与社区之间，除常规实体产品和专业服务供需关系形成的供应链、产业链外，更重要的是在最优的空间和时间范围内，在废物和副产品的综合利用、协同处置等方面形成了紧密生产-消费合作组织关系，提高了供水、供电、供热、供冷、污水处理、固体废

物处置等基础设施的服务能力和效率，从而使得园区整体付出的废物处置成本最小，实现最高的资源能源转化利用效率。与此同时，生态工业园区建设增加了企业间商业合作发展机遇，提高相关参与主体的经济效益，进而实现园区甚至区域层面的社会经济效益和资源环境效益的共赢。

92 什么是产业生态化？

答：产业生态化是指产业系统在自然环境的承载力范围内，以与自然和谐共生为目标，参照自然生态系统物质能量代谢规律，规划和调控社会经济系统的结构要素、工艺流程、信息反馈关系及控制机理，实现资源能源转化效率提升，生态破坏和环境污染减少，促进经济、社会、环境整体效益提高的可持续发展过程。

产业生态化是可持续发展的重要实践手段，倡导产业经济系统的绿色低碳循环发展，本质上追求产业经济系统和自然环境系统的相互依存、高度统一。同时，产业生态化认为产业系统内的物质和能量高效转化、循环利用应贯穿原材料开采到产品生产、包装、使用以及废料最终处置的全过程。系统的优化不应仅依赖单个生产活动的效率提升，也不能局限于单个企业的内部优化，还应包括更高级别的区域、国家、地区产业系统，基于产品、副产品、废物、服务等供需关系的结构优化，更应注重各空间尺度产业生态系统的构建和衔接。

具体而言，微观上，产业生态化的活动包括产品和工艺的生态创新和设计、清洁生产和技术改造、生产过程和环境绿色化改造、清洁低碳能源开发利用、废物综合利用、余热余能回收利用、基础设施共享、全生命周期评价管理以及企业绿色低碳循环发展相关的战略、经营理念、管理制度、行动方案等活动；中观上，重点是产业生态系统的建设发展，如产业共生网络的构建，生态工业园区建设和静脉产业、再制造产业的发展；宏观上，包括部门和区域产业绿色低碳循环发展规划和生产者责任延伸等政策制度体系的制定、调整、执行，对于资源环境效应突出的物质如铁、铝、锂、镍、钴等资源金属，镉、汞、铅等有毒有害金属，POPs 等高风险有机化学品，应加强其全生命周期和全球范围的协同管理，提升可持续发展能力。

93 什么是园区循环化改造？

答：园区循环化改造，就是推进现有的各类园区（包括经济技术开发区、高新技术产业开发区、保税区、出口加工区以及各类专业园区等）按照循环经济发展的减量化、再利用、资源化原则，优化空间布局，调整产业结构，应用循环经济关键链接技术，合理延伸产业链以构建产业共生与循环经济体系，搭建基础设施和公共服务平台，创新组织形式和管理机制，实现园区资源高效、循环利用、能源低碳化和废物“零排放”，不断增强园区可持续发展能力。

94 如何提升区域固体废物治理协同能力？

答：固体废物的利用处置设施往往是规模化程度越高成本越低，小规模设施的重复建设不仅浪费资源而且会增加监管难度。我国城市发展的实际情况大多是若干城市或县区相互毗邻形成城市群或都市圈，这种形态的“无废城市”建设有条件也应当提升固体废物治理的区域协同能力。具体而言，对于产生量高于本地利用处置能力的固体废物，城市本级或上级政府一方面可以根据政府工业、生态环境、商务、市场监督管理、行业协会等部门已掌握的企业生产经营信息，依托已有或新开发交易信息平台，提高区域固体废物利用处置能力的信息透明度，挖掘“隐藏”的利用处置存量能力，促进固体废物就地就近利用处置；另一方面可以加强对辖区内固体废物利用处置市场需求和已有处置能力的摸底调查，合理设计大规模、高效率的固体废物集中利用处置项目，引导国有或民营企业集中投资建设。对于工业源固体废物，规范其流通和利用处置市场，对于生活源、农业源固体废物，需要加强与相关部门的协调，引导相关企业建立合理的利用处置价格体系、收集转运体系和市场经营体系。

95 为什么要实施园区循环化改造？

答：首先，推进园区循环化改造是转变经济发展方式，实现园区可持续发展的内在要求。园区是我国产业发展的集聚区，也是国民经济和地区经济发展的重要载体。推进园区循环化改造，用循环经济理念改造存量、构建增量，有效引导园区调整产业结构，推进产业集聚发展，培育战略性新兴产业和新的经济增长点，促进园区迈入创新驱动、自主增长的发展轨道，可实现经济快速发展、资源高效利用、生态环境改善的有机统一。

其次，推进园区循环化改造是提高资源产出率，提升园区综合竞争力的有效途径。园区是能源资源消耗的集中区域，也是节约潜力较大的区域。推进园区循环化改造，通过推进节能、节水、节地、节材，构建企业内部、企业之间的循环经济产业链，实现生产过程耦合和多联产，物尽其用，变废为宝，可以最大限度地降低园区的物耗、水耗和能耗，改变粗放的能源资源利用方式，降低企业运行成本，切实提高园区的资源产出率和综合竞争力。

最后，推进园区循环化改造是加强环境保护、改善区域生态环境的重要措施。产业园区是生产的集中区域，也是各类污染物集中产生或排放的区域。推进园区循环化改造，变末端治理为源头减量、全过程控制，实现园区废物“零排放”，可以最大限度地减少企业入园后集中生产的环境负荷，改善生态环境质量，降低区域环境风险，减少园区与周边居民的环境纠纷，促进当地社会和谐稳定。

96 如何实施园区的循环化改造？

答：具体而言，园区循环化改造包含空间布局合理化、产业结构最优化、产业链接循环化、资源利用高效化、能源利用低碳化、污染治理集中化、基础设施绿色化、运行管理规范化八个方面。

空间布局合理化措施包括：根据物质流和产业关联性开展园区布局总体设计或进行布局优化，改造园区内的企业、产业和基础设施的空间布局，根据物质流和产业关联性，体现产业集聚和循环链接效应，积极推广集中供气供热供水，实现土地的节约集约高效利用。

产业结构最优化措施包括：结合本区域的产业和资源的比较优势，考虑园区环境承载力和地方发展需求，围绕提高资源产出率和提高园区综合竞争力，加大传统产业改造升级力度，培育和发展绿色低碳循环产业，不断调整和优化园区的产业结构。

产业链接循环化措施包括：按照“横向耦合、纵向延伸、循环链接”原则，实行产业链招商、补链招商，建设和引进产业链接或延伸的关键项目，合理延伸产业链，实现项目间、企业间、产业间首尾相连、环环相扣、物料闭路循环，物尽其用，促进原料投入和废物排放的减量化、再利用和资源化，以及危险废物的资源化和无害化处理。

资源利用高效化措施包括：按照循环经济减量化优先的原则，园区重点企业全面推行清洁生产，促进源头减量；加强资源深度加工、伴生产品加工利用、副产物综合利用，推动产业废弃物回收及资源化利用；加强水资源高效利用、循环利用，推进中水回用和废水资源化利用，因地制宜开展海水淡化等非常规水利用。

能源利用低碳化措施包括：开发能源资源的清洁高效利用技术，开展节能降碳改造，提高能源利用管理水平；推动企业产品结构、生产工艺、技术装备优化升级；推动余热余压利用、企业间废物交换利用和水的循环利用；因地制宜发展利用可再生能源，开展清洁能源替代改造，提高清洁低碳可再生能源利用比例。

污染治理集中化措施包括：加强废水、废气、废渣等污染物集中治理设施建设及升级改造，实行污染治理的专业化、集中化和产业化。强化园区的环境综合管理，开展企业环境管理体系认证，构建园区、企业和产品等不同层次的环境治理和管理体系，最大限度地减少污染物排放。

基础设施绿色化措施包括：对园区内运输、供水、供电、照明、通信、建筑和环保等基础设施进行绿色化、循环化改造，促进各类基础设施的共建共享、集成优化，降低基础设施建设和运行成本，提高运行效率，使园区生态环境优美。

运行管理规范化措施包括：建立园区循环化改造指导协调机制；建设园区废物交换平台，以及循环经济技术研发及孵化中心等公共服务设施；制定并实施循环经济相关技术研发和应用的激励政策；制定入园企业、项目的准入标准和招商引资指导目录，实行产业链招商、补链招商；强化对园区内企业资源节约、环境保护的执法监管；开展宣传教育，促进公众参与，形成优美、清洁、和谐的环境和氛围。

97 什么是企业的绿色化改造？

答： 企业的绿色化改造是指企业围绕自身资源能源利用效率和清洁生产水平提升需求，以绿色标准为引领，通过采取和加强节能环保技术、工艺、装备，强化产品全生命周期绿色管理，推动循环经济和综合利用等措施，实现高效、清洁、低碳、循环的可持续发展转型过程。通过生产方式的“绿色化”改造，企业既能有效缓解资源能源约束和生态环境压力，增强绿色发展竞争力，也能促进节能环保等绿色产业发展。

企业绿色化改造的关键在于清洁生产。强化源头减量、过程控制和末端高效治理相结合的系统减污理念，大力推行绿色设计，引领增量企业高起点打造更清洁的生产方式，推动存量企业持续实施清洁生产技术改造，引导企业主动提升清洁生产水平。

具体而言，当前企业绿色化改造的主要措施应包括健全绿色设计推行机制、减少有害物质源头使用、削减生产过程污染排放、升级改造末端治理设施、数字化技术赋能绿色转型五个方面。

健全绿色设计推行机制。强化全生命周期理念，全方位全过程推行工业产品绿色设计。在生态环境影响大、产品涉及面广、产业关联度高的行业，创建绿色设计示范企业，探索行业绿色设计路径，带动产业链、供应链绿色协同提升。构建基于大数据和云计算等技术的绿色设计平台，强化绿色设计与绿色制造协同关键技术供给，加大绿色设计应用。聚焦绿色属性突出、消费量大的工业产品，制定绿色设计评价标准，完善标准采信机制。引导企业采取自愿声明或自愿认证的方式，开展绿色设计评价。

减少有害物质源头使用。严格落实电器电子、汽车、船舶等产品有害物质限制使用管控要求，减少铅、汞、镉、六价铬、多溴联苯、多溴二苯醚等的使用。研究制定道路机动车辆有害物质限制使用管理办法，更新电器电子产品管控范围的目录，制（修）订电器电子、汽车产品有害物质含量限值强制性标准，编制船舶有害物质清单及检验指南，持续推进有害物质管控要求与国际接轨。强化强制性标准约束作用，大力推广低（无）挥发性有机物含量的涂料、油墨、胶黏剂、清洗剂等产品。推动建立部门联动的监管机制，建立覆盖产业链上下游的有害物质数据库，充分发挥电商平台作用，创新开展大数据监管。

削减生产过程污染排放。针对重点行业、重点污染物排放量大的工艺环节，研发推广过程减污工艺和设备，开展应用示范。加大氮氧化物、挥发性有机物排放重点行业清洁生产改造力度，实现细颗粒物和臭氧协同控制。涉重金属行业企业清洁生产水平提升应重点关注削减化学需氧量、氨氮、重金属等污染物排放。严格履行国际环境公约和有关标准要求，推动重点行业减少持久性有机污染物、有毒有害化学物质等新污染物产生和排放。制定限期淘汰产生严重环境污染的工业固体废物的落后生产工艺设备名录。

升级改造末端治理设施。在重点行业推广先进适用环保治理装备，推动形成稳定、高效的治理能力。在大气污染防治领域，聚焦烟气排放量大、成分复杂、治理难度大的重点行业，开展多污染物协同治理应用示范。深入推进钢铁行业超低排放改造，稳步实施水泥、焦化等行业超低排放改造。加快推进有机废气回收和处理，鼓励选取低耗高效组合工艺进行治理。在水污染防治重点领域，聚焦涉重金属、高盐、高有机物等高难度废水，开展深度高效治理应用示范，逐步提升印染、造纸、化学原料药、煤化工、有色金属等行业废水治理水平。

数字化技术赋能绿色转型。建立产品全生命周期绿色低碳基础数据平台，统筹绿色低碳基础数据和工业大数据资源，建立数据共享机制，推动数据汇聚、共享和应用。基于平台数据，开展碳足迹、水足迹、环境影响分析。推动制造过程的关键工艺装备智能感知和控制系统、过程多目标优化、经营决策优化等，实现生产过程物质流、能量流等信息采集监控、智能分析和精细管理。打造面向产品全生命周期的数字孪生系统，以数据为驱动提升绿色低碳技术创新、绿色制造和运维服务水平。推进绿色技术软件化封装，推动成熟绿色制造技术的创新应用。

98 如何建立工业固体废物的回收处置产业模式？

答：工业固体废物处置难、处置渠道不畅通、处置过程不规范、处理成本高、机制不健全、资源化和无害化利用率低是当前企业和政府在“无废城市”建设过程中遇到的环境管理难题。要破解该难题，应以工业企业集聚区为重点，充分运用“互联网+”“物联网”等信息化技术，构建包含企业产废的品类、数量、去向等信息的数据库，形成工业固体废物全流程闭环式回收处置模式和监管模式，有效解决工业固体废物申报登记制度落实难题。建立该模式在帮助企业大幅控制工业固体废物处置成本和环境风险的同时，也可极大增强自身环境管理的主动性和治理能力。

具体而言，基于“互联网+”建立工业固体废物的回收处置产业模式具体包括以下四个方面：

首先，开展工业固体废物的产废规律、理化性质、处理处置需求调查。自行或委托专业机构开展企业产品类型、产废类型调查，开展有价值工业固体废物的各项理化性质检测鉴定，评估可资源化利用的潜在方向和可承接利用的潜在行业企业，通过上述过程，不断增强企业规范工业固体废物处置的自觉性、主动性和专业性。

其次，建设完善分类、回收、二次分拣、处置治理能力。加强工业固体废物待处置的企业和具备处置能力的第三方专业公司的便利对接，打通工业固体废物的分类、收集、清运、处置产业链的各个环节。企业根据自身特点建立不同规格的固体废物贮存场所。量身定制清运方案，确保规范、高效收运。建立智能化二次分拣中心，在专门场地对集中清运的工业固体废物进行二次分拣、加工处理。可通过引入第三方或依托已有工业企业，提升各类大宗工业固体废物的集中利用处置能力。

再次，开发企业固体废物管理相关软硬件设备，建立完善管理制度体系。开发“无废企业”信息化专业管理系统和手持终端App，配置相关软硬件设备、专业人员，建设完善企业相关环境管理制度体系。企业可根据自身产废情况、场地贮存数量等，在手机平台中填写固体废物类别、数量，完成固体废物线上申报、线上下单，第三方服务公司派员上门收运。对于可回收、高价值的固体废物订单，由平台注册的专业回收主体接单，按市场价上门回收；对于低价值、无利用价值的固体废物订单，由第三方公司根据固体废物类型、数量，分派驾驶人员和三方专业清运车辆进行规范化运输。

最后，加强回收处置产业模式的运行保障。加强对企业的上门服务指导，确保源头精准分类。政府相关部门及第三方公司专业人员应深入工业企业，上门服务指导，宣传、讲解工业固体废物源头分类知识，动员企业签订一般固体废物处置协议，培训指导企业使用相关软硬件设备、为固体废物回收处置建章立制。依托GPS定位和视频监控，监管部门和企业都可实现对工业固体废物从生产到运输再到终端处置全过程的可视化监管。强化高压严管，堵住工业固体废物非法处置漏洞。强化部门协同、联合执法，通过日常巡查、突击检查、责任倒查等形式，加大对工业固体废物偷倒乱倒、非法设点收集、不按规定申报登记、不规范运输等违法行为的执法查处力度。

99 如何建设废旧电子电器的回收利用市场体系？

答： 建设废旧电子电器的回收利用市场体系应注重二手市场体系发展、回收利用市场主体培育、行业发展规范管理、科技成果研发应用四个方面。

在二手市场体系发展方面，完善二手商品流通法规，建立完善车辆、家电、手机等二手商品鉴定、评估、分级等标准，规范二手商品流通秩序和交易行为。鼓励“互联网＋二手”模式发展，强化互联网交易平台管理责任，加强交易行为监管，为二手商品交易提供标准化、规范化服务，鼓励平台企业引入第三方二手商品专业经营商户，提高二手商品交易效率。推动线下实体二手市场规范建设和运营，鼓励建设集中规范的“跳蚤市场”。鼓励社区定期组织二手商品交易活动，促进辖区内居民家庭闲置电子电器物品交易和流通。

在回收利用市场主体培育方面，利用互联网信息技术，鼓励多元参与，构建线上、线下相融合的废弃电器电子产品回收网络，增强静脉产业的保障能力，引导废弃电器电子产品流入规范化拆解企业。鼓励电器电子产品重点企业发展生产者责任延伸制度，支持电器电子产品生产企业通过自主回收、联合回收或委托回收等方式建立回收体系，引导并规范生产企业与回收企业、电商平台共享信息。

在行业发展规范管理方面，实施废旧电子电器等再生资源回收利用行业规范管理，提升行业规范化水平，促进资源向优势企业集聚。加强废弃电器电子产品拆解利用企业规范管理和环境监管，加大对违法违规企业的整治力度，营造公平的市场竞争环境。

在科技成果研发应用方面，保障手机、计算机等电子产品回收利用全过程的个人隐私信息安全。强化科技创新，鼓励新技术、新工艺、新设备的推广应用，支持规范拆解企业工艺设备提质改造，推进智能化与精细化拆解，促进高值化利用。

100 如何发展废旧物资循环利用产业？

答：发展废旧物资循环利用产业应注重以下几个方面：

（1）完善废旧物资回收网络。将废旧物资回收相关设施纳入国土空间总体规划，保障用地需求，合理布局、规范建设回收网络体系，统筹推进废旧物资回收网点与生活垃圾分类网点“两网融合”。放宽废旧物资回收车辆进城、进小区限制并规范管理，保障合理路权。积极推行“互联网＋回收”

模式，实现线上线下协同，提高规范化回收企业对个体经营者的整合能力，进一步提高居民交投废旧物资便利化水平。规范废旧物资回收行业经营秩序，提升行业整体形象与经营管理水平。因地制宜完善乡村回收网络，推动城乡废旧物资回收处理体系一体化发展。支持供销合作社系统依托销售服务网络，开展废旧物资回收。

（2）提升再生资源加工利用水平。推动再生资源规模化、规范化、清洁化利用，促进再生资源产业集聚发展，高水平建设现代化“城市矿产”基地。实施废钢铁、废有色金属、废塑料、废纸、废旧轮胎、废旧手机、废旧动力电池等再生资源回收利用行业规范管理，提升行业规范化水平，促进资源向优势企业集聚。加强废弃电器电子产品、报废机动车、报废船舶、废铅蓄电池等拆解利用企业规范管理和环境监管，加大对违法违规企业整治力度，营造公平的市场竞争环境。加快建立再生原材料推广使用制度，拓展再生原材料市场应用渠道，强化再生资源对战略性矿产资源的供给保障能力。

（3）规范发展二手商品市场。完善二手商品流通法规，建立完善车辆、家电、手机等二手商品鉴定、评估、分级等标准，规范二手商品流通秩序和交易行为。鼓励“互联网＋二手”模式发展，强化互联网交易平台管理责任，加强交易行为监管，为二手商品交易提供标准化、规范化服务，鼓励平台企业引入第三方二手商品专业经营商户，提高二手商品交易效率。推动线下实体二手市场规范建设和运营，鼓励建设集中规范的“跳蚤市场”。鼓励在各级学校设置旧书分享角、分享日，促进广大师生旧书交换使用。鼓励社区定期组织二手商品交易活动，促进辖区内居民家庭闲置物品交易和流通。

（4）促进再制造产业高质量发展。提升汽车零部件、工程机械、机床、文办设备等再制造水平，推动工业机器人等新兴领域再制造产业发展，推广应用无损检测、增材制造、柔性加工等再制造共性关键技术。培育专业化再制造旧件回收企业。支持建设再制造产品交易平台。鼓励企业在售后服务体系中应用再制造产品并履行告知义务。推动再制造技术与装备数字化转型结合，为大型机电装备提供定制化再制造服务。在监管部门信息共享、风险可控的前提下，在自贸试验区支持探索开展航空、数控机床、通信设备等保税维修和再制造修复出口业务。加强再制造产品评定和推广。

101 有哪些经济手段可以促进“无废城市”市场体系发展？

答：目前，我国有环境信用评价、税收优惠、保险、财政补贴、绿色采购等经济手段可以促进“无废城市”的市场体系发展。

固体废物产生、利用处置企业需纳入企业环境信用评价范围，根据相关部门的评价结果实施跨部门联合惩戒。已颁布实施的《资源综合利用产品和劳务增值税优惠目录》《资源综合利用企业所得税优惠目录》《中华人民共和国环境保护税法》《中华人民共和国资源税法》等法规政策为固体废物综合利用产业发展提供了税收优惠支持，对依法综合利用固体废物、符合国家和地方环境保护标准的固体废物资源综合利用产品，可免征环境保护税。畜禽养殖业废弃物处置和无害化处理试点，可获得绿色金融保险政策支持。危险废物经营单位可获得环境污染责任保险政策支持。在农业支持保护补贴政策中，畜禽粪污、秸秆综合利用生产有机肥可获得相关补贴。垃圾焚烧发电、生物质发电可享受国家关于可再生能源开发相关专项补贴。再生资源产品可获得政府绿色采购政策支持。在政府投资公共工程中，以大宗工业固体废物等为原料的综合利用产品可优先使用，推广新型墙材等绿色建材应用。此外，绿色信贷、绿色债券、绿色基金、绿色保险等绿色金融创新产品及政府专项债等传统政策资金对固体废物利用处置等循环经济企业和项目的支持方式正在快速发展丰富，对“无废城市”建设工作的支持将日益增强。

102 如何利用专项债的政策资金促进“无废城市”建设？

答：地方政府专项债券（简称专项债）是省、自治区、直辖市政府为有一定收益的公益性项目发行的、约定一定期限内以公益性项目对应的政府性基金或专项收入还本付息的政府债券。“无废城市”建设具有环境基本公共服务公益性属性，通过使用者付费、废物资源化等方式，可享有一定的收益，现金流收入通常能够覆盖专项债还本付息规模，符合专项债融资条件，是专项债鼓励使用的生态环保补短板重点领域。因此，专项债可推动公益性强、经营性差的项目落地，有效缓解政府在“无废城市”建设方面的投入资金筹措难题，助力形成多元投入的融资格局。相对于其他形式的政信金融工具，专项债适用范围广、融资周期长、综合成本低、资金到位快，“无废城市”建设资金需求量大，专项债可形成明显助力。

“无废城市”建设项目要能获得专项债支持，需要着重注意以下四点：

首先，要科学确定项目建设内容。紧密围绕“无废城市”建设重点任务和目标策划项目，确定建设内容和合理规模，避免投资无效和过度投资。在遴选项目时，要确保“无废城市”建设专项债项目的公益属性。

其次，地方政府要做好项目整合与捆绑实施，将有实质关联的经营性项目与非经营性项目有机组合，着力推动非经营性项目建设。例如，将农村生活垃圾处理处置有收费、有机废弃物集中处置与资源化有收入、生物质发电上网有补贴等经营性或准经营性项目，与旱改厕粪污、分散式畜牧养殖粪污、秸秆等收储运等非经营性项目整合起来，统筹实施。

再次，地方政府还可以采用适合的项目运作模式。例如，新建项目应积极探索专项债、生态环境导向的开发（Eco-environment-oriented Development，EOD）等融资手段相结合推进建设，尽可能减轻政府初期投资和运营补贴压力。

最后，在项目投资与收益方面。实施中可根据投资需求，分期分批发行、使用本地区的专项债，资金优先用于具备开工条件的项目；必须用于建设投资并形成固定资产，不能用于政府日常工作经费和项目运营补贴。同时，要充分挖掘并科学核算项目市场化收益。除采用污水处理费、相关土地出让金等政府性基金收入、垃圾处理费等专项收入还本付息外，还应结合各地实际，增加项目的可经营性，如拓展广告、旅游、租赁等业务，以满足未来收益和专项债额度的匹配性。

第五部分

“无废城市”的制度及管理体系

103 在“无废城市”建设中社会各界应分别起到怎样的作用？

答：“无废城市”建设是一项系统工程，需要社会各界的积极参与。概括来讲，“无废城市”建设的工作格局中，政府是中枢、企业市场是关键、社会公众是基础。

应当充分发挥党委、政府的中枢作用。“无废城市”建设，主要责任主体和内在动力在于地方党委、政府。换言之，建设成败，很大程度上取决于党委、政府是否真的重视，能否将各方积极性调动起来，压力和动力是否传导到位。在党委、政府充分重视的前提下，成立“无废城市”领导小组，依托专门的常设办事机构和相关参与部门，按照“无废城市”建设实施方案的顶层设计，明确任务措施，制定时间计划，建立完善与合理应用考核评估机制，推动各项任务有序开展，确保建设方案顺利实施、预定建设目标按期实现。

应当充分发挥企业市场的关键作用。企业既是产废主体、也是治废主体。各类固体废物的产生、运输、贮存、利用、处置过程都需要有专业的企业经营，所有企业的经营活动就形成了固体废物治理的市场。培育一批从事固体废物资源化利用等领域的骨干企业，“无废城市”建设才能有市场经济基础。废物治理市场特别是资源化利用的市场越活跃，“无废城市”建设就越容易取得成功。对于产废企业，在产品设计和生产阶段，其承担生产者责任和义务，具体包括在生产阶段进行绿色设计、提高产品的可拆解性和可回收性、减少有毒有害原辅材料的使用、使用简易包装和再生材料、合理循环利用废弃物、信息公开等；在废物产生和治理阶段，其必须承担产生各类废弃物治理的主体责任；在供应链管理方面，核心企业和龙头企业应推动绿色供应链管理，推动和优化逆向物流体系建设，引导供应链相关企业持续提升环境绩效水平。对于治废企业，重点在可再生资源的回收和循环利用、固体废物资源化利用、无害化处置等治理过程。提供固体废物治理技术咨询服务、信息化管理能力建设、融资贷款等专业技术服务的服务企业、行业协会、科研单位、学术团体、金融机构等企事业单位，也是“无废城市”建设市场体系中不可或缺的重要角色。

应当充分发挥社会组织和公众的监督、参与作用，形成全社会共治、共建、共享的良好氛围。公众是“无废城市”建设最广泛的见证者、最基层的参与者，也是最前线的监督者、最直接的受益者。每个人都是固体废物的产生者，这就要求每个人都做“无废城市”建设的宣传员、参与者、推动者，不能做旁观者、局外人和评论家，切实做到节水节电，减少铺张浪费，做好垃圾分类，推动资源再生回收和循环利用。每个人是监督者，要发挥群众最广泛、最主动的环境改善意愿和监督能力，通过促进政府和企业切实解决老百姓发现、提出的各类固体废物治理瓶颈和风险点，共同解决好百姓身边的点滴难题，不断增强其对“无废城市”建设的认可度、满意度。

104 “无废城市”建设指标体系是如何设计的？

答：在坚持科学性、系统性、可操作性、可达性和前瞻性原则的基础上，以持续推进城市层面的固体废物生产消费源头减量、过程资源化利用、末端无害化处置为主要手段，以推动形成绿色生产方式和生活方式为总体目标，生态环境部牵头设计构建了“无废城市”建设的指标体系。

“无废城市”建设指标体系是国家生态文明建设及绿色低碳发展目标在城市固体废物治理方面的重要体现，也是地方“无废城市”建设工作的重要指引，主要用于指导城市识别固体废物综合管理的工作重点和方向、明确建设目标和任务。指标体系给出了三级指标框架但未给出具体的标准值、目标值，旨在鼓励建设城市在聚焦固体废物突出问题和重点任务的前提下，充分结合各地发展阶段、发展特征等地方实际情况，开展特色化、差异性的目标设置和指标补充。

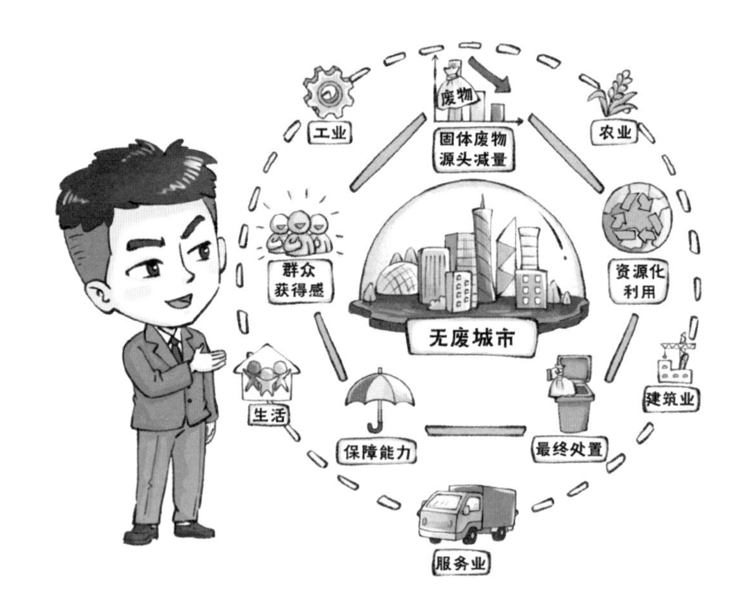

在我国试点工作的基础上，充分借鉴发达国家经验、循环经济发展指标体系、绿色发展指标体系等统计调查实践经

验的已有基础，围绕《“十四五”时期“无废城市”建设工作方案》总体要求、目标和具体任务，提出了《“无废城市”建设指标体系（2021 年版）》，具体包括 5 个一级指标、17 个二级指标和 58 个三级指标。

一级指标包括固体废物源头减量、资源化利用、最终处置、保障能力、群众获得感，分别从落实新发展理念、促进建立长效机制、促进全民参与等方面发挥综合引领作用，充分体现了“无废城市”建设持续推进固体废物源头减量和资源化利用、最大限度减少填埋量、将固体废物环境影响降至最低的理念。

二级指标为在专项领域具有典型带动意义的指标，用于针对性解决我国固体废物突出问题。以推动形成绿色发展方式和生活方式为目标，从源头减量、资源化利用、最终处置三个方面，分别针对农业、工业、建筑业、服务业、生活等领域设置了相关指标；保障能力方面，分别针对我国固体废物管理制度体系、市场体系、技术体系、监管体系建设设置了相关指标。

三级指标为针对“无废城市”建设内容，可用于统计、评估的指标。指标体系的制定指南中同时明确，城市可以根据具体发展定位、发展特点和建设需求，自行筛选补充指标。

指标体系中的 25 个必选指标是关键，是所有城市必须开展调查统计的指标。选取这些指标的原则在于：一是以发挥在某一领域上的综合引领作用和反映工作建设总体成效的客观指标为主，主要包括反映固体废物产生强度、效率、最终处置和公众满意度的指标；二是聚焦现阶段国家在固体废物领域重大战略部署，以及固体废物的突出共性问题的指标；三是聚焦工作的核心目标任务的指标。

此外，自选指标可进一步突出各城市的发展阶段、城市特色、试点重点和亮点等，同时为完善我国固体废物统计制度进行了探索并提供了支撑。

105 固体废物环境污染防治涉及的监管部门有哪些？各部门如何分工？

答：2020年4月29日，十三届全国人大常委会第十七次会议审议通过修订后的《中华人民共和国固体废物污染环境防治法》，对于有关部门固废管理职责进行了规定。固体废物环境污染防治工作涉及的部门包括但不限于生态环境、海关、工业和信息化、环境卫生、农业农村、市场监督管理、商务、邮政、水务、卫生健康等相关业务主管部门。其中，生态环境部对全国固体废物污染环境防治工作实施统一监督管理。地方人民政府生态环境主管部门对本行政区域固体废物污染环境防治工作实施统一监督管理（第九条）；海关负责进口货物疑似固体废物属性鉴别委托及管理（第二十五条）；工业和信息化主管部门主要负责推动工业固体废物综合利用（第三十四条）；环境卫生主管部门主要负责生活垃圾（第四十七条）、建筑垃圾（第六十二条）的污染环境防治工作；农业农村主管部门负责农业废弃物的监督管理（第六十四条）；市场监督管理部门负责过度包装的监督管理（第六十八条）；商务、邮政等主管部门负责电子商务、快递、外卖等行业包装物的监督管理（第六十八条、第六十九条）；城镇排水主管部门负责城镇污水处理设施产生的污泥处理的管理（第七十一条）；卫生健康主管部门负责对医疗废物收集、贮存、运输、处置的监督管理（第九十条）。

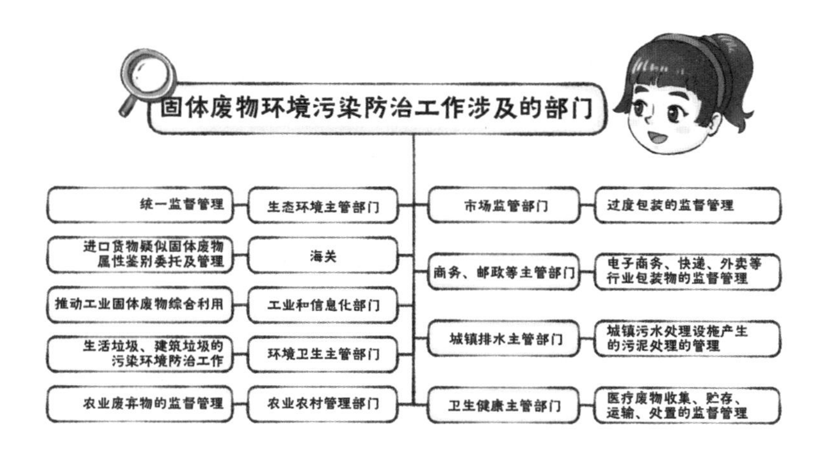

106 固体废物环境污染控制的政策法规主要有哪些？

答：我国的固体废物管理政策法规体系由《中华人民共和国固体废物污染环境防治法》及其配套实施政策法规和管理制度组成，包括法律、法规、部门规章、地方法规和环境技术标准等一系列法律规范。《中华人民共和国固体废物污染环境防治法》建立了固体废物环境管理的基本框架，与其配套的政策法规和管理制度则规定了更详细的实施要求。此外，主要的法律法规还有《中华人民共和国循环经济促进法》《中华人民共和国清洁生产促进法》《城市市容和环境卫生管理条例》《医疗废物管理条例》《废弃电器电子产品回收处理管理条例》《危险废物经营许可证管理办法》《畜禽规模养殖污染防治条例》《危险废物转移管理办法》《国家危险废物名录》《再生资源回收管理办法》《城市生活垃圾管理办法》《城市建筑垃圾管理规定》等。

107 固体废物污染控制标准有哪些？

答：在固体废物污染控制方面，国家颁布实施的环境技术标准主要有《危险废物贮存污染控制标准》（GB 18597）、《危险废物焚烧污染控制标准》（GB 18484）、《危险废物填埋污染控制标准》（GB 18598）、《医疗废物处理处置污染控制标准》（GB 39707）、《生活垃圾焚烧污染控制标准》（GB 18485）、《生活垃圾填埋场污染控制标准》（GB 16889）、《水泥窑协同处置固体废物污染控制标准》（GB 30485）、《一般工业固体废物贮存和填埋污染控制标准》（GB 18599）等以及其他相关环境保护技术规范。

108 新修订的《中华人民共和国固体废物污染环境防治法》有哪些亮点？

答：新修订的《中华人民共和国固体废物污染环境防治法》对贯彻落实习近平生态文明思想和党中央有关决策部署，推进生态文明建设，打赢污染防治攻坚战具有重大意义。主要有以下几个亮点：①为应对疫情，新修订的《中华人民共和国固体废物污染环境防治法》增加了对医疗废物的监管要求；②规定逐步基本实现固体废物零进口；③为加强生活垃圾分类管理提供了法治保障；④限制过度包装和一次性塑料制品的使用；⑤加大推进建筑垃圾污染环境防治工作的力度；⑥完善危险废物监管制度；⑦取消固体废物防治设施验收许可；⑧明确建立电器电子、铅蓄电池、车用动力电池等产品的生产者责任延伸制度；⑨对从强制保险、资金安排、政策扶持、金融支持、税收优惠、绿色采购等方面全方位保障固体废物污染环境防治工作作出了系统规定；⑩实施最严格法律责任，增加了处罚种类，提高了罚款额度，对违法行为实行严惩重罚。

109《中华人民共和国固体废物污染环境防治法》对跨行政区转移固体废物有怎样的规定？

答： 转移固体废物出省、自治区、直辖市行政区域贮存、处置的，应当向固体废物移出地的省、自治区、直辖市人民政府生态环境主管部门提出申请。移出地的省、自治区、直辖市人民政府生态环境主管部门应当及时商经接受地的省、自治区、直辖市人民政府生态环境主管部门同意后，在规定期限内批准转移该固体废物。未经批准的，不得转移。转移固体废物出省、自治区、直辖市行政区域利用的，应当报固体废物移出地的省、自治区、直辖市人民政府生态环境主管部门备案。移出地的省、自治区、直辖市人民政府生态环境主管部门应当将备案信息通报接受地的省、自治区、直辖市人民政府生态环境主管部门。

110《中华人民共和国固体废物污染环境防治法》对产生工业固体废物的企业有怎样的规定？

答： 产生工业固体废物的单位应当：①建立健全工业固体废物产生、收集、贮存、运输、利用、处置全过程的污染环境防治责任制度；②建立工业固体废物管理台账；③实施清洁生产审核；④取得排污许可证；⑤向所在地生态环境主管部门提供工业固体废物的种类、数量、流向、贮存、利用、处置等相关资料，并执行排污许可管理制度的相关规定；⑥根据经济、技术条件对工业固体废物加以利用；对暂时不利用或者不能利用的，应当按照主管部门的规定建设贮存设施、场所，安全分类存放，或者采取无害化处置措施。

111《中华人民共和国固体废物污染环境防治法》对产生生活垃圾的单位、家庭和个人有怎样的规定？

答：产生生活垃圾的单位、家庭和个人应当依法履行生活垃圾源头减量和分类投放义务，承担生活垃圾产生者责任；任何单位和个人都应当依法在指定的地点分类投放生活垃圾；禁止随意倾倒、抛撒、堆放或者焚烧生活垃圾；机关、事业单位等应当在生活垃圾分类工作中起示范带头作用。

112《中华人民共和国固体废物污染环境防治法》对产生危险废物的单位有怎样的规定？

答：产生危险废物的单位应当：①按照国家有关规定制定危险废物管理计划；建立危险废物管理台账，如实记录有关信息，并通过国家危险废物信息管理系统向所在地生态环境主管部门申报危险废物的种类、产生量、流向、贮存、处置等有关资料。②已经取得排污许可证的，执行排污许可管理制度的规定。③按照国家有关规定和环境保护标准要求贮存、利用、处置危险废物，不得擅自倾倒、堆放。

113 擅自倾倒、堆放、丢弃、遗撒固体废物将面临什么样的处罚？

答：依据《中华人民共和国固体废物污染环境防治法》，擅自倾倒、堆放、丢弃、遗撒固体废物，造成严重后果的，尚不构成犯罪的，由公安机关对法定代表人、主要负责人、直接负责的主管人员和其他责任人员处十日以上十五日以下的拘留；情节较轻的，处五日以上十日以下的拘留；构成犯罪的，依法追究刑事责任；造成人身、财产损害的，依法承担民事责任。

114 什么是生产者延伸责任和生产者责任延伸制度？

答： 生产者延伸责任（EPR），是指生产者必须承担产品使用完毕后的回收、再生和处理的责任，其策略是将产品废弃阶段的责任完全归于生产者。EPR 是生产者必须承担其产品对环境所造成的全部影响责任的原则，其中所指的影响既包括在材料选择和生产流程中对上游供应商及其生产经营活动相关生态环境的影响，也包括在产品使用和废弃过程中对人体健康和资源环境的影响。

EPR 更侧重于通过更好的产品生态设计来延长产品的使用寿命，减少原材料的使用和全产业链的能量消耗，减少废弃物的产生从而预防可能的环境污染，通过生产更具有修理维护价值和可简易升级的产品来延长产品的使用寿命，推动产品的服务经济替代实物商品经济。在此过程中，消费者有可能享受到更专业的产品服务和更低的产品价格。

基于 EPR 的生产者责任延伸制度是指将生产者对其产品承担的资源环境责任从生产环节延伸到产品设计、流通消费、回收利用、废物处置等全生命周期的制度。这是针对产品尤其是各种含有有毒有害物质产品的政策，其政策目标是鼓励生产者通过产品设计和工艺技术的改进，在产品生命周期的每个阶段（主要是生产、使用、回收、再生、最终处置），努力防止污染的产生，并减少原生自然资源的使用。

目前，我国综合考虑产品市场规模、环境危害和资源价值等因素，率先推动了电器电子、汽车、铅酸蓄电池和包装物 4 类产品的生产者责任延伸制度。

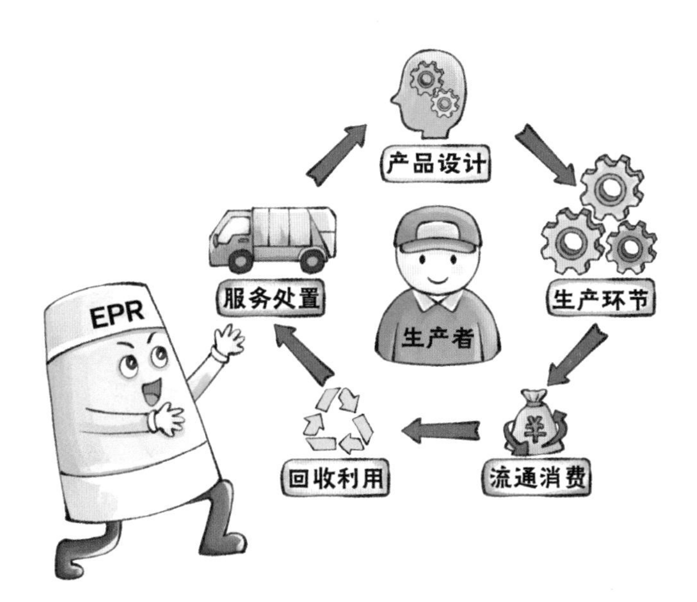

115 什么是押金返还制度？

答： 押金返还制度是消费者或者下游厂商在交易时预先支付一定的押金，履行某些义务后获得押金返还的一种政策机制。在固体废物环境管理方面，押金返还制度主要用于对废旧产品及包装容器的循环回收。例如，消费者在购买可能导致污染的产品（电子产品、电池等）时支付一定的押金，返还废旧产品或者包装容器时可获得押金返还。发达国家自20世纪90年代开始推行生产者责任延伸制度，对重点品种征收押金，为促进废弃产品的有效回收起到了积极作用。目前，国内部分城市在农药包装废弃物、废旧农膜回收等方面开展了押金返还制度的试点工作。

116 如何遏制固体废物非法转移？

答： 固体废物污染防治是生态环境保护工作的重要领域，

是改善生态环境质量的重要环节。当前我国固体废物非法转移、倾倒、处置事件仍呈高发态势，为遏制固体废物非法转移倾倒的趋势，需要严格落实市、县两级地方人民政府责任及部门监管责任，以危险废物污染防治为重点，摸清固体废物特别是危险废物产生、贮存、转移、利用、处置情况；分类科学处置排查发现的各类固体废物违法倾倒问题，依法严厉打击各类固体废物非法转移行为；全面提升危险废物利用处置能力和全过程信息化监管水平，完善源头严防、过程严管、后果严惩的监管体系；要严格落实产废企业污染防治主体责任，建立健全环保有奖举报制度，有效防范固体废物特别是危险废物非法转移倾倒引发的突发环境事件。

117 为什么要全面禁止进口洋垃圾？

答： 全面禁止进口洋垃圾既是中国社会发展步入新阶段的必然之举，也是中国经济大步转型、坚决淘汰落后产能、打好污染防治攻坚战的需求。进口洋垃圾种类繁杂，难以彻底无害化处理，带来的环境污染问题突出；且以洋垃圾为原料的再生资源加工利用企业多为“散、乱、污”企业，污染治理能力低下，多数企业甚至没有污染治理设施，其生产过程中污染物的排放严重损害了当地生态环境。全面禁止进口洋垃圾，有利于降低土地资源消耗和处理成本，减少环境污染。

118 在城市层面如何管理一般工业固体废物？

答：为有效解决一般工业固体废物问题，在城市层面可以从以下 4 个方面推进：①推动生产过程源头减量，提高工业固体废物贮存处置能力，提升综合利用能力；②完善标准政策，推动大宗工业固体废物利用处置；③严格控制新增量，逐步解决工业固体废物历史遗留问题；④强化生产者责任延伸制，促进重点废弃产品进入规范回收处理渠道。

119 在城市层面如何管理危险废物？

答：为有效解决危险废物的环境管理问题，在城市层面可以从以下几个方面推进：①加强危险废物环境影响评价工作；②全面提升危险废物利用处置能力；③推进基于物联网智能技术的危险废物全过程监管体系；④依法推进涵盖社会源和小微企业的区域危险废物收集、中转、贮存网络建设；⑤开展危险废物收集经营许可证制度试点；⑥完善标准体系，规范危险废物的利用处置。

120 在城市层面如何管理农业固体废物？

答：为有效解决各类农业固体废物的环境管理问题，在城市层面可从以下几个方面推进：①以规模化养殖场为重点，构建种养结合的生态农业模式，逐步实现畜禽粪污的高水平综合利用；②以收集、利用等环节为重点，坚持因地制宜、农用优先、就地就近原则，推动区域农作物秸秆全量利用；③建立废旧农膜生产、利用、回收、处置全过程管理体系；④加强农药包装废弃物源头减量和充分回收，采用押金返还等制度提高回收率。

121 在城市层面如何管理生活垃圾？

答： 生活垃圾的有效管理是“无废城市”建设的重点内容之一，在城市层面主要通过以下几个方面推进：①引导公众在衣、食、住、行等方面践行简约适度、绿色低碳的生活方式，促进生活垃圾的源头减量；②以家庭、小区为重点推动垃圾分类制度，健全垃圾分类的基础设施和管理制度体系，加强分类行为规范的培育与引导；③全面落实生活垃圾收费机制，推行垃圾计量收费；④建设金属、玻璃、塑料、纸张等再生资源回收与循环利用基地，提高“城市矿山”的开发利用水平；

⑤建设完善生活垃圾清运、焚烧、填埋以及餐厨垃圾处置利用等基础设施能力，构建高效生活垃圾运营管理模式，提高各类处置设施运行管理水平。

122 在城市层面如何管理建筑垃圾？

答：为有效解决建筑垃圾的环境管理问题，在城市层面可从以下几个方面推进：①综合运用遥感、航测和实地勘探等调查手段，摸清城乡土地开挖垃圾、道路开挖垃圾、建筑物拆除垃圾、建筑施工垃圾、建材生产垃圾等各类建筑垃圾产生现状和发展趋势，开展建筑垃圾的精细化分类与资源化利用潜力评估；②探索建立电子联单管理制度，组织城市管理、交通运输、生态环境等部门共同开展建筑垃圾的全过程治理，提高源头减量、分类、资源化利用和处理处置水平，加强建设工地间渣土、淤泥等大宗建筑垃圾的调度和平衡管理，厘清各类建筑垃圾的来龙去脉；③依托城市现有消纳处置场所和建材生产加工产业，科学制订建筑垃圾产生、贮存、转运、利用、处置等生命周期全过程产业体系的发展规划，加强土地、经营等政策保障和规范化管理；④加快移动便携式和大型固定式建筑垃圾利用处置的基地建设与装备配备，形成与城市发展需求相匹配的建筑垃圾处理体系和产业体系；⑤提高再生产品质量，通过一定的政策支持拓宽再生产品的出路。

123 在城市层面如何管理包装废弃物？

答：随着居民消费水平的不断提高和电商物流业的快速发展，我国特别是城区快递包装总量庞大、种类繁多且增长迅速，包装废弃物对资源能源的消耗和对生态环境的危害已经不容忽视。近年来，我国陆续出台了《关于加快我国包装产业转型发展的指导意见》《关于加强快递绿色包装标准化工作的指导意见》《快递包装绿色产品认证目录（第一批）》《快递包装绿色产品认证规则》等相关管理文件，进一步推动了快递包装减量化、绿色化、可循环化建设。

为有效解决包装废弃物的环境管理问题，在城市层面具体可从以下几个方面推进：①实行清洁生产，增强包装材料的多次重复利用和可回收设计，避免产品的过度包装，力争从源头减少包装废弃物的产生；②推动快递公司、电商、厂

商等重点行业企业构建包装废弃物的回收体系，完善包装材料的生产者责任延伸制度，提高包装材料的循环利用水平；③大型、特大型、超大型城市以及其他高消费城市应推动制定包装废弃物的强制回收标准政策，提高城市系统管理能力；④加强宣传教育，优先使用重耐用型包装材料，鼓励重复使用包装材料，减少使用一次性包装材料，不断增强全民的绿色消费意识。

第六部分

公众参与

124 什么是绿色消费？

答：联合国环境规划署将绿色消费称为可持续消费，将其定义为：提供服务以及相关产品以满足人类的基本需求、提高生活质量，同时使自然资源和有毒材料的使用量减少，使服务或产品的生命周期中所产生的废物和污染物最少，从而不危及后代的消费行为和消费方式的统称。

中国消费者协会认为绿色消费有三层含义：在消费内容上，倡导消费者在消费时选择未被污染或有助于公众健康的绿色产品；在消费过程中，注重对废弃物的收集与处置，尽量减少对环境的污染；在消费观念上，引导人们在追求生活方便、舒适的同时，注重环保、节约资源和能源，实现可持续消费，不仅要满足当代人的需要，还要满足子孙后代的消费需要。

绿色消费尤其反对过度消费，因为过度消费不仅增加了资源索取和环境的污染荷载，而且助长了消费主义和享乐主义。绿色消费则有利于环境保护、资源节约，同时对充实精神生活、提高精神境界大有裨益。

125 绿色消费与我们有什么关系？

答：绿色消费与我们的生活息息相关，其要求我们在日常消费时用可持续发展的眼光、标准和要求去评价和选购产品，审视产品在生产、运输、消费、废弃的过程中会不会对环境造成污染，会不会造成资源能源的过度消耗。我们手中的钞票就像“绿色的选票”，哪种产品符合绿色发展要求，我们就应选购哪种产品。因此，推进绿色消费要从“绿色生活、环保选购”开始。例如，有意识地选择和购买绿色产品，如无磷洗衣粉、节能灯、无汞电池、绿色食品等；拒绝使用对环境造成污染和资源能源消耗大的产品，加快其市场淘汰进程，引导企业生产符合绿色发展要求的绿色产品。

126 低碳生活与生活垃圾减量化有什么关系？

答：产生生活垃圾的产品在生产过程中都会消耗资源和能源，也就是会向环境排放二氧化碳等温室气体及其他污染物，增强温室效应；而产品成为废物后，在对其进行处理处置的过程中，为防止和避免产生二次污染，也会消耗能源和资源，如焚烧烟气的处理与控制、填埋场防渗系统的建设与渗滤液的处理，甚至生活垃圾的收集、运输和分选，都需要能量来驱动。换言之，上述过程都涉及温室气体排放的增加；无论是焚烧还是生物处理，生活垃圾中的有机物都可能转化成二氧化碳、甲烷等温室气体。由此可见，生活垃圾的减量化会有效地减少温室气体的排放，因此，践行绿色消费理念、减少生活垃圾的产生，是低碳生活不可或缺的重要组成部分。

实际上，低碳生活可以从垃圾减量化做起：改变大吃大喝、铺张浪费的习惯，既有利于身体健康，减少肥胖和“三高”等病症发生，又可以减少剩饭剩菜以及食物残渣的产生，相应减少餐厨垃圾的产生量和利用处置压力；少使用甚至不使用一次性塑料包装袋，不但可以有效减少垃圾中塑料等包装材料的含量，而且可以间接减少石油等化石能源资源的消耗，进一步减少温气体的排放。

综上可知，崇尚节俭、适度消费的绿色低碳生活方式，不仅不会降低我们的生活品质，反而会明显提高我们的绿色低碳发展水平及生活水平。

127 为什么要进行垃圾分类？

答：我国人口众多，是一个生活垃圾产生大国，早在2004年我国垃圾产生量就已经超越美国成为世界第一垃圾制造大国。按照每人每天产生1 kg的生活垃圾估算，目前全国生活垃圾年产量在4亿t左右，按照国家统计局公布的数据，每年生活垃圾的实际清运量接近2.5亿t，并以大约每年8%的速度递增。

面对如此多的生活垃圾，最有效的方法就是从源头减少生活垃圾的产生，最基本的措施就是做好垃圾分类工作。具体而言，垃圾分类是指按照垃圾的不同成分、属性、利用价值以及对环境的影响，并根据不同处置方式的要求，将其分成属性不同的若干种类。

实行垃圾分类是促进生活垃圾源头减量化、处理资源化、处置无害化的前提条件。通过垃圾分类，一是可以去掉可以回收的不易降解的物质，减少 60% 以上的垃圾产量；二是可以将有害垃圾分离出来，如铅蓄电池、含汞含镉电池、过期药品等，减少有害垃圾对环境和人体健康的危害；三是可以变废为宝，如一次性筷子等，通过对它们的回收重复利用提高垃圾的资源利用率。

经过分类回收的生活垃圾便于进行分类处置，特别对其中有回收价值的再生资源和高有机质等有价实物的分离。例如，对厨余垃圾进行干湿分类，可以充分提高其他垃圾的焚烧热值，降低生活垃圾焚烧处置过程中的二次污染控制难度。还可以将纸张、塑料、橡胶、玻璃、金属以及废旧家电等单独收集处理。此外，生活中还有很多垃圾可以循环再利用，如破旧的布料可以裁剪制成包包使用、易拉罐可以作为烟灰缸、废饮料瓶改作花瓶等。

128 在家如何做好垃圾分类？

答：一是注重饮料瓶、废旧纸张、纸箱、物品包装盒等可回收物的日常收集，可以等到收集到一定量后再集中回收，为减少储存过程中占用的空间，可将体积较大的纸箱和包装物等拆解平铺，从而提高空间利用率；二是在厨房设置两个垃圾桶，分别用于其他垃圾和厨余垃圾的弃置，净菜后的菜叶、剩菜、剩饭、果皮、蛋壳、茶渣、软的骨头等都弃置于厨余垃圾桶内，其他垃圾则可弃置于另一个垃圾桶；三是在家中设置一个有害垃圾专门弃置的垃圾桶或其他收集容器，由于家中有害垃圾产生量较小，对于一些无挥发性的有害垃圾可待收集到一定量后集中处置，比如可以在家里放一个矿泉水瓶专门用于废旧电池（除部分型号干电池不属于有害垃圾外）存放；四是按照小区（社区）垃圾分类管理规定定时投放垃圾，并注意将家中已分类的垃圾准确投放到相应的垃圾桶中。

129 公共场所如何做好垃圾分类？

答：日常生活中，我们在任何时候、任何地点都有可能产生垃圾，如餐厅、商场、公园等公共场所，由于人群相对密集，会产生大量生活垃圾，更需做好垃圾分类工作。公共场所垃圾分类工作应注重因地制宜，根据不同场所所产生的垃圾特点，设置不同的垃圾分类收集容器。在景区、商场等场所，可主要设置可回收物、其他垃圾两种收集容器；在酒店、饭店、社区等场所，除设置常规的可回收物、其他垃圾收集容器外，还应设置厨余垃圾收集容器；在公共卫生间等场所，则主要设置其他垃圾收集容器；在医院、诊所等场所，除设置其他垃圾收集容器外，还需设置医疗废物收集容器，用过的纱布、棉签、针筒等需投入其中，同时，还需设置有害垃圾收集容器，废荧光灯管、废电池、含汞温度计、废药品及其包装物等需投入其中。

130 日常生活中如何减少垃圾的产生？

答：在学习和工作中，尽量不使用一次性签字笔，设置双面打印，鼓励使用再生纸和再生纸办公用品，尽量使用互联网和无纸化办公等。在饭店就餐时，适量点餐，剩菜打包带走，减少浪费；使用可重复使用的餐具，尽量不使用一次性餐巾和桌布等。在家庭生活中，首先，明确自己的基本需求，在购物时先想一想所买的东西是否真的需要，原有的是否真的不可再用，适度消费是减少垃圾产生的首要举措，尽量购买环境标准认证产品、节能节水认证标志产品和循环利用标志产品等。其次，尽量使用可重复使用的耐用品，将可回收利用的垃圾单独存放，并交给废品回收机构和资源再生机构或把可再使用的闲置物品赠与有需要的人。学会废旧物品的再利用，若家中的一些旧物的确无法再用，那在它们变为“废物”之前，我们是否可以通过改变使用场景或简易改造使它“重燃生机”？如废旧的水瓶可以改造成浇花的花洒，破旧的衣服可用于为宠物缝制坐垫等。最后，尽量使用可重复利用的物品，减少一次性物品的购买与使用，如我们可以通过携带可重复利用的购物袋、家用餐具的方式替代塑料袋、塑料餐盒、一次性筷子等，这不仅可以减少塑料垃圾的产生，更有利于我们的健康。

131 如何对待一次性物品？

答： 一次性物品有其存在的合理性，其大大方便了我们的生活，但是使用一次性物品的危害极大，如管理不当可能会污染环境、浪费资源等。总体而言，一次性物品弊大于利。在我们的日常生活中部分必需一次性物品（如医用针筒等）可正常使用；部分一次性物品（如塑料瓶等）可回收再利用；部分一次性物品（如一次性餐具、酒店一次性洗漱用品等）应当尽量不用。

132 如何看待和应对固体废物处置设施的“邻避效应”？

答： 固体废物处置设施是生产生活必须配套的基础设施，是固体废物污染防治的必要环节。很多关注度比较高的固体废物处置建设项目因为公众反对而停止，如北京六里屯垃圾焚烧厂等，这是典型的“邻避效应”现象。因“邻避效应”引发的公众抗议是居民保护房产价值和生活质量的理性反应，一方面“邻避效应”引发的抗议间接推动了公民环保意识的觉醒和公众参与；另一方面如果处理不当容易升级为暴力性环境群体事件，而基础设施建设放缓则会导致城市固体废物管理体系的运转停滞，直接影响城市运行和发展。

“邻避效应”不可避免，但如能将其风险从事后转为事前，并且实现决策信息透明，则可有效降低项目社会成本，也可降低“邻避效应”的风险。如何应对“邻避效应”，以生活垃圾焚烧厂为例，可从地方政府、企业、民众、科技等方面分别着手：

地方政府应通过“法治”而非行政渠道解决邻避问题，在项目开展之前做充分的调研，合理规划选址，留足环境影响的缓冲区，避免因为房地产开发过度减少防护距离，鼓励公众参与前期项目论证和运行期监督过程。同时，政府退回到监管者的角色，收缩其“开发商”的职能，更加客观公正地处理好项目开发商、公众、垃圾焚烧厂等相关主体的利益关系，也可通过制定环境补偿等恰当的经济政策有效应对“邻避效应”。

企业应加强运行维护管理，确保垃圾焚烧处置等生产过程的规范管理，依法安装自动监控设备，在厂区竖立监测结果的电子显示屏，并将实时监控数据与各级生态环境部门信息管理平台联网，通过“装、树、联”的方式加强信息公开，保障监管部门和公众的知情权。在企业项目建设期、运行期，都可以定期或不定期邀请公众群体进入厂区进行考察调研，畅通实时监督渠道，也可以将垃圾焚烧厂与“无废城市”、循环经济、垃圾分类、清洁生产、“花园工厂”等概念和理念结合，开展相关领域的科学知识普及教育，建立帮助职工和公众提高专业认知的教培场所。此外，企业也需要专业团队处理地方公共关系，否则“邻避效应”可能成为阻碍其进入市场的因素。

公众应当科学和全面地认识生活垃圾焚烧厂的性质和作用，了解生活垃圾焚烧厂的真实环境影响，积极参与环境影响评价，并在听证会、征求民意等过程中理性表达自己的诉求和客观传送项目对环境影响的信息，避免“传言”误导。要通过合理的形式和渠道，努力争取知情权、表达权和参与权等正当权益，与政府、企业等社会主体共同形成民主协商、科学解决“邻避效应”的社会新常态。

科技界应助力民众提高科学素养，通过专业性和大众性的科普教育，使民众更易于接受垃圾焚烧厂等项目的选址和运行。

133 如何实现绿色包装？

答：实现绿色包装的具体措施包括以下几个方面：

（1）优化绿色包装设计。包装设计应该遵循无害化、生态化、减量化的设计理念，从材料选择、结构功能、制作工艺、包装方式、储存形式、产品使用和废品处理等诸多方面入手，全方位评估资源的利用、环境影响及解决办法，如采用的材料应尽量单纯，尽量少地混入异种材料，确实需要复合材料结构形式的包装应设计成可拆卸式结构，有利于拆卸后回收利用。其中，倡导适度包装和减量化包装是优化绿色包装设计的重点。无论何种材料，过度包装都存在资源浪费、造成环境压力等社会问题，尤其是不可降解塑料带来的回收再利用和微塑料污染防治的难题。在保证有足够保护功能的前提下，应尽量少用包装材料，既减少体积和运输成本，也减轻了环境污染，有利于企业树立良好形象，拉近同消费者的距离。

（2）选择应用环保材料。在包装材料选择应用方面，尽量采用可降解包装材料和天然植物包装材料。以塑料包装材料为例，生物降解包装塑料是指在短时间内在自然环境条件下就能分解的包装塑料，它是替代目前的常规塑料、解决"白色污染"的新方法。生物降解包装塑料有淀粉基生物降解塑料、微生物发酵合成生物降解塑料、纤维素基完全生物降解塑料、光/生物降解塑料和人工合成生物降解塑料等。我国常见作物植物的纤维如甘蔗秆、棉秆、谷壳、玉米秸秆、稻草、麦秆、竹材等，均是天然植物包装材料资源。

（3）加强包装材料的循环利用。用过的包装容器可重复使用、回收再利用或无害化生物降解。所有热塑性塑料都可以多次回收再利用，如尼龙可再制成汽车装饰布；聚苯乙烯废塑料可回收制成室外椅子；很多运输托盘等都可使用废塑料制成。市场上的各种高分子合成的塑料容器，一般都可以回收经过熔融后再加工成型制成工业用塑料制品。例如，装可乐的聚酯塑料瓶经过特殊加工后，可制成"的确良"装饰布。此外，装食品、饮料等的钢罐、铝罐、铁罐等金属容器，几乎可以无限次地回收熔炼后再加工利用。用过的纸类包装材料可再加工成某些工业用纸。

134 什么是再生产品和可再生产品？

答： 再生产品是使用了循环再利用的废料生产的产品。例如“Rcy100%”再生纸，表示该产品物料全部来自循环再利用的废纸；“Rcy50%”再生塑料，表示该产品中使用的废塑料所占的质量百分比为50%。

可再生产品是废弃后可以循环再利用的产品，但不一定是由循环再利用的废料生产。可再生产品废弃时可以回收利用和生产再生产品，常见的可再生产品包括报纸、纸盒、一次性塑料餐具、塑料瓶、易拉罐、玻璃等。

135 个人如何减少塑料污染？

答： 日常生活中，我们可以减少使用塑料吸管；选择可重复使用的纸质吸管或者玻璃吸管；减少使用一次性塑料袋，选择可重复利用的布袋；减少塑料包装盒，选择纸盒或玻璃容器；减少使用塑料打包盒，选择家用餐盒；同等质量下，减少购买袋装产品，选择购买散装产品；减少饮用一次性塑料瓶包装的饮料，选择自用水杯；减少使用一次性餐具，选择家用餐具或可重复使用的餐具。

136 家里的大件垃圾应该如何处理？

答：目前对于家庭大件垃圾的处理主要有三种途径：一是自行投放至指定回收点；二是联系再生资源回收企业、物业服务公司、生活垃圾分类收集单位进行清运；三是通过手机 App 网上预约上门回收。

137 社会源危险废物的来源和种类有哪些？

答：社会源危险废物由于具有产生的源头复杂分散、每个单位产生的数量较小、涉及的废物种类繁多、成分复杂等特征，难以对其形成行业的专业管理，只能进行社会面的综合管理。

危险废物常见社会源产生单位有建筑施工单位、车辆维修保养店、分析化验检测机构、实验科研单位、移动网络基站、仓储物流公司、物业公司等。社会源常见危险废物种类包括但不限于废有机溶剂、废矿物油、废防锈油、废润滑油、废液压油、含矿物油废物、废油漆、废燃料、含汞废灯管、废铅蓄电池、废镍镉电池、废氧化汞电池、废弃危险化学品等。其中，汽车维修保养店是社会源危险废物产生的重点源。在维修过程中产生的预处理洗车废水，产生的滤渣、浮油、废机油、废机油格、废抹布、机油罐、废弃油漆罐、废电池、废旧海绵及废活性炭等，都属于社会源危险废物。

138 如何管好家里的危险废物？

答： 家庭日常生活或者为日常生活提供服务的活动中产生的废药品及其包装物、废杀虫剂和消毒剂及其包装物、废油漆和溶剂及其包装物、废矿物油及其包装物、废胶片及废相纸、废荧光灯管、废含汞温度计、废含汞血压计、废铅蓄电池、废镍镉电池和废氧化汞电池以及电子类危险废物等，属于家庭生活中产生的危险废物。这些危险废物需单独存放，并投入到有害垃圾的收集容器中。废灯管易破损，存放和投放时需连带包装或包裹后再行投放。废药品、废杀虫剂等要连同包装一并投放。所有危险废物都应放置在儿童接触不到的地方。不要擅自拆解危险废物。

139 固体废物的社会监督有哪些举报渠道？

答：目前，固体废物的社会监督主要渠道包括“12369”环保举报热线、110 公安机关举报渠道、中央生态环境保护督察举报热线电话等，此外常规的举报渠道还包括书信、电子邮件、传真、电话、走访等形式，相关举报流程可查询《环境信访办法》《环保举报热线工作管理办法》《关于加强环境保护与公安部门执法衔接配合工作的意见》及中央和省级生态环境保护督察相关文件。

140 有哪些环保公益活动可以参与？

答：环保公益活动既有自发组织的不定期活动，如学校、企业、政府机关集体组织的环保公益活动，也可以在特殊时间参加全球性质的环保公益活动，当然，也有持续性的环保公益活动，比如护鸟护林、环境教育、绿色出行等。比较有影响力的国际或全国层面的环保公益性活动有世界环境日、世界地球日、国际生物多样性日、世界水日、地球一小时、中国水周、全国低碳日、全国卫生日等。此外，绿色出行是比较有氛围感的日常环保公益活动，简言之就是鼓励采用对环境影响最小的出行方式，既节约能源、提高能效、减少污染，又益于健康、兼顾效率的出行方式。具体就是多乘坐公共汽车、地铁等公共交通工具，合作乘车，环保驾车，或者步行、骑自行车等。只要是能降低自己出行中的能耗和污染，就叫作绿色出行、低碳出行、文明出行等。

141 生活中有哪些废物利用小妙招？

答：生活中有许多废物利用的小妙招，如快递纸箱可以经过简单改装后用于物品收纳；卷纸纸芯可以经过改装后用于笔筒或者用于化妆工具收纳；塑料瓶经过改造可以用于收纳洗漱用品；塑料桶经过切割打磨可以改造为玩具收纳桶；塑料瓶经过涂鸦后可作为艺术花盆；饮料瓶盖摆放整齐，用电熨斗熨平，可以作为漂亮的杯垫；玻璃瓶经过改造后可以作为灯罩或者花瓶，甚至可以改造成风铃；废旧的树枝也可以被制作成风格独特的首饰架。诸如此类的小妙招不胜枚举，只要能开动脑筋，“废物”也会摇身一变成“宝物”。

142 “无废城市”建设的媒体宣传活动如何开展？

答：“无废城市”建设涉及城市不同类型的群体对象，既需要开展普及型的媒体宣传，也需要针对特定类型人员开展针对性宣传。

在具体实施过程中，应当结合城市发展定位、文化特色、群众基础等开展形式多样的宣传活动。可以结合“无废细胞”创建活动，在学校、机关、医院、景区、酒店、商超、餐饮场所等典型场景，引导师生、公务员、医生、游客、住客、顾客、食客等群体的衣食住行用行为方式，达到提高“无废城市”社会知晓度和参与度的目的；也可以结合重要赛事、展销会、博览会等设置“无废城市”主题的宣传活动，制定“无废赛事”“无废展会”等具体的操作手册，不仅可以塑造高端展会的形象，而且可以寓教于乐，让参会人员有“无废”行动的切身体会；还可以针对党员群体、妇女群体、退休职工群体以及其他社会团体，结合党建、广场舞、中老年活动举办形式各样的“无废”主题活动，推动形成全体公众积极参与的良好氛围。旅游城市可以在旅游路线上的机场、车站、码头等交通枢纽、交通主干道、游玩休闲场所、购物场所，通过城市欢迎短信、广告标语、网络新媒体平台，多语言、多途径、多媒体形式宣传“无废城市”建设理念。

第七部分

国内外“无废社会”建设典型实践

143 欧盟建设循环型社会的先进管理经验和做法有哪些？

答：欧洲是循环经济的发源地。欧盟率先提出倒金字塔形的废弃物管理层级体系，这也成为指导欧盟及世界其他国家和地区开展废弃物可持续管理的基本原则。在管理目标上，欧盟2020年发布的新版《循环经济行动计划》（*EU Circular Economy Action Plan*）设定到2030年实现废弃物总量大幅减少和市政不可回收垃圾减半的目标，将循环经济理念贯穿到产品设计、生产、消费、维修、回收处理以及二次资源利用的生命周期全过程。欧盟面向“2050碳中和”的废弃物管理目标不再是将末端处理量降至最低，而是在经济发展模式出现根本变革的背景下提出原材料和物质的循环利用，进入末端处置的传统意义上的废弃物不再存在。

为实现上述目标，欧盟提出涵盖产品设计、消费和制造环节的可持续产品政策框架，确定了电子产品和信息通信技术，在电池，汽车，包装，塑料，纺织品，建筑物，食物、水和养分七大关键领域推动实现废弃物的“减量增值”。

在产品的生态设计方面，欧盟要求产品更加持久耐用，在重复使用、修复、回收和能效等特性方面都要有大幅提升，其产品范围不仅覆盖电子和通信类产品，纺织品、家具等居民消费类产品，也包括钢铁、水泥和化学品等大宗工业产品，这将极大程度在前端减少垃圾的产生。

为了加强资源再生循环利用，欧盟计划创设运行良好的欧盟再生原料市场。要求产品的回收物质含量足够高以避免再生原料供需不匹配，保障欧盟回收利用行业的顺利扩张。

欧盟鼓励跨境合作倡议，加强标准化在推动合作中的作用，拟建立专门的观察研究评估机构，以推动建立运行良好的二次原辅材料交易流通市场。

为了减少危险废物以外的一般固体废物（如废塑料等）出口对进口国产生严重的环境污染，避免破坏可持续发展的环境正义原则，欧盟 2021 年开始禁止向非经济合作与发展组织（OECD）国家出口未经分类的塑料垃圾，废弃物出口商要接受独立审计，证明其在出口业务中对废弃物的管理是环境友好的。这些举措将帮助欧盟在区域内加大废弃物监管力度，减少废弃物跨境转移流动，加大了欧盟自身废弃物可持续管理的能力。

在循环经济助力降碳方面，欧盟提出要系统衡量开展循环经济对减缓和适应气候变化的影响，并促进今后修订国家能源和气候计划及其他气候政策的加强循环经济的作用，并提出可以通过资源循环的方式清除消纳大气中的碳，并探讨制定碳清除的认证监管框架，以监测和核实碳清除的真实性和效果。

144 日本循环型社会的经验做法有哪些？

答： 建设循环型社会是日本基于国情和自身发展阶段选择的目标和道路。日本的循环型社会建设可追溯到 20 世纪 70 年代，至今已构建起一个全方位、多层次的公害对策和环保法律体系。其中，日本 2000 年出台的《循环型社会形成推进基本法》是重要的里程碑，标志着日本将建设循环型社会上升为国家战略，以立法的形式将抑制自然资源的开发和使用、降低对环境的负荷、建设循环型的可持续发展社会作为日本发展的总体目标。这部法律明确了国家、地方政府、民间团体、企业、公民各自的职责，提出了“低碳社会”、“循环型社会”和“人与自然共生社会”的共同愿景。此后，日本还结合国内现状和国际形势，前后制定了4次“循环型社会基本规划”，为实现循环型社会规定了阶段性、实操性的时间表和路线图。

《循环型社会形成推进基本法》作为上位法为日本各级公私部门提供了有关废弃物处理和资源循环利用的指导性原则，要求利益相关者遵循“3R”——减量化（Reduce）、再利用（Reuse）和再循环（Recycle）的优先顺序对废弃物品进行处置，并唯有在上述措施确实无法实践时，才考虑将废弃物用于能源再生或进行最终处置。具体的执行细则和管理规范则详载于《资源有效利用促进法》和《废弃物处理法》两部法律文件中。

《资源有效利用促进法》聚焦抑制废弃物和副产品的生成，以及促进物品和零件的再生使用。在该法框架下，日本经济产业省明确要求造纸、化工、钢铁和制铜等特定业种采取具体举措以减少副产品的产生，并指定造纸、管件制造、玻璃容器制造、复印机制造、建筑等产业，回收部件或使用再循环资源。该法还列出了需强制符合资源节约、寿命延长和易于循环利用设计，以及需由生产者进行回收再利用的产品类别清单。《废弃物处理法》特别强调，日本的市政当局有责任制定辖区的固体废物处理方案，并与相邻市镇就协调废物处理工作保持密切合作。

日本循环型社会的建设实践特别注重3个方面：

第一，注重各级政府、非营利环保组织、科研机构和民众的“多元协作”。“充满活力的垃圾治理伙伴之会”在环境省、经济产业省、农林水产省、国土交通省等的支持下，2001年创设了“市民创造的环境城市活力大奖”，在全日本征集以“多元协作”方式建设的充满个性的循环型地区典范。获奖者有群马县伊势崎市的“NPO法人环境网络21”以及佐贺县伊万里市。前者将厨余垃圾堆肥培育蔬菜制成饮料、种植大米制成米酒。后者用10年的时间，将当地的餐饮店、旅馆、配餐中心等60家商家以及100户家庭组成网络，对厨余垃圾进行回收、堆肥，用于休耕地种菜和养花，回收餐厅废油作为生物柴油的燃料进行循环利用。

第二，通过宣传教育让循环型社会的理念深入人心。日本每年10月为“3R推进月”，在相关省厅的主导下开展各种宣传活动。日本注重将循环型社会的理念融入学生的实践中。例如，让学生通过养花来感受全球气候变暖，带领学生参观垃圾处理厂了解垃圾的无害化处理等。如今，低碳社会、循环型社会、自然共生理念已经深入人心，民众自觉对废弃物进行分类、回收，养成了节水节电的习惯，减少塑料袋的使用，使用再生制品，杜绝购买过分包装的商品。“对环境友好”“基于环境考虑”“不给环境增添负担”等语句不仅频繁出现在日常生活中，也成为越来越多日本人的生活准则。2020年7月，日本开始实施超市塑料袋有偿化，约60%的民众前往超市时自备购物袋。

第三，积极打造循环型实践的优秀地方样板。长野县自

2014 年起已连续五次蝉联日本全国都道府县人均生活废弃物量最低的殊荣。其间，每人每日平均产生的一般生活废弃物量更一路从 2014 年的 838 g 逐年下滑至 2018 年的 811 g。为达成上述目标，长野县政府、市町村级政府和企业发起了多项社会倡议。例如，长野县松本市发起“吃完再走30/10”倡议，旨在尽可能减少大型会议场所的剩余食物。会场主持人应在开场时说明倡议理念，鼓励宾客在会议开始前 30 分钟内留在座位上用餐，之后再离席与他人交际互动；会议结束前 10 分钟，主持人会请宾客回座，在离开会场前尽可能用完桌上的菜肴。由于这项倡议相当契合日本文化中“不浪费”（Mottainai）的精神，因此很快便获得长野县内外其他城市的响应。另外，长野县政府还携手县内各市町村的地方发展战略局成立“挑战 800 减量”执行小组，推行生活废弃物减量行动。为让民众能够轻易理解并即刻采取行动，长野县政府舍弃了艰涩难懂的环境专业术语，以“每人只需减少 2 颗番茄重的垃圾量”作为 2016 年的行动口号，成功获得民众的高度支持，最终以人均 822 g 稳居当年全国都道府县每日生活废弃物量最低的宝座。2017 年，县政府将前一年的行动成果反映在标语上，以“每人只需减少 1 颗番茄重的垃圾量”让居民共享团结行动所带来的成就与荣誉感，进而愿意继续在个人层面做出贡献。当年，长野县以人日均 817 g 的每日生活废弃物量，再次蝉联全国首位。不过，长野县不仅未就此感到自满，反而提出了更有野心的目标，期望在 2020 年前实现人日均废弃物量 795 g、工业事业废弃物总量 435 万 t 和废弃物再生利用与回收率 24.3% 的目标，并将“持续推动并强化民众环境意识，从而减少每人每日产生的废弃物量"定为2018—2022年的主要工作方向，全力推进可持续生产与消费行动，将厨余和其他类型的废弃物就地转化为资源，重新流通和活用于区域内。

145 日本农村生活垃圾治理有哪些典型经验做法？

答：在日本，农村因为垃圾处理站少且功能较差，所以对人工分类的要求就更高，越是偏僻的地方，垃圾分类越详细，比如日本上胜町的垃圾分类数量高达45类，而且每一位村民都会遵守。这里是全日本唯一，甚至全世界都不可多得的"零垃圾村庄"，简直把环保事业做到了极致。

上胜町是日本四国最小的町，是全球知名的把垃圾分类"玩"到极致的山村。在这里除了把含水的厨余垃圾全部再利用外，其他生活垃圾分类能达到35种之多。

上胜町是以农林业为主的传统乡镇，地广人稀，因为距离大城市较远，垃圾车在山上绕行收集成本很高。尽管当地政府相当努力地提高垃圾回收处理能力，但是农村很难跟上步伐，刚开始的时候上胜町的人将垃圾随意丢弃到山里，将废水倒到溪流里，原本美丽天然的环境，变成了垃圾满地的乱象。

1997年日本实施《促进容器与包装分类回收法》，当地开始将垃圾分为9类进行回收。1998年分类达到22类。由于垃圾分类成效显著，2000年12月在该地服役的两台垃圾焚烧炉正式关闭。2001年该地更是提出把垃圾分类提高到35类，2002年将"塑料瓶类"和"塑料制包装容器类"合并为1类，要求所有町民把垃圾分到34类，2015年增加到13项45类，成为日本垃圾分类回收最细致、回收率最高的地方。2003年，上胜町定下了到2020年“村庄无垃圾”的目标。

经调研，上胜町的垃圾有30%都是厨余垃圾，与其送出去处理，不如直接在当地解决。于是政府提供了资金补助，村民只需用1万日元就能买到1台垃圾处理机器，将自家的厨余垃圾转换为田间肥料，该机器普及率已经达到97%，村民几乎不再扔掉任何“湿垃圾”。

厨余垃圾解决之后，其他的垃圾则引导村民送到回收站。回收站除年末、年初外，每天7:30—14:00都可以收垃圾。居民或开车或步行把垃圾送到这里，再严格按照分类标识和说明分门别类把垃圾一一投放到不同的垃圾箱和分类区。村民会把瓶瓶罐罐、衣物、塑料等清洗干净再送来，对充气的瓶罐，还会特别在其上扎个洞，以免在处理过程中发生意外。

为了分类，有些村民一个早上丢弃各种瓶瓶罐罐的垃圾竟需耗费15分钟，他们的努力没有白费，上胜町垃圾分类回收取得了显著的效果，垃圾循环利用率近80%，每人日均垃圾排放量不足500 g，仅为日本平均水平的1/3。只有一小部分材料如氯乙烯和橡胶、一次性尿布和卫生用品被焚烧。2017年，当地开始启动一项新计划，向有一岁以下婴儿的家庭捐赠“布尿布套件”，布尿布在洗涤后可以重复使用，可以减少一次性纸尿裤的使用量。

小小的垃圾回收站成为村民们的社交地点，完全看不出刚开始大家被强迫分类时的苦恼和抱怨。而村民们也自发进行回收利用，上胜町回收站前甚至有一家小店，里面所有的商品都是村民将回收站里的东西消毒洗净之后重新亲手制作的。每年废品回收售卖能够给当地带来 250 万～ 300 万日元的收入，这些收入又将用于维持垃圾回收站的运营，实现了良性循环。

回收再利用是“零垃圾”行动的又一举措。为了促进垃圾回收，2006 年，上胜町在垃圾回收站旁边设立了“转转商店”（Kurukuru Shop）。村民将垃圾带到垃圾回收站，在工作人员的帮助下进行分类，“仍然可以使用的东西”和“人们可能想要的东西”将被转移到“转转商店”，任何村民都可以在这里免费带走商店里的物品，倒垃圾时看看有没有免费物品可以捡漏，已经成为小镇居民的一大乐趣，据统计，2016 年约有 15 t 的物品在“转转商店”进出。2007 年，又开设了“转转工房”（Kurukuru Kobo），使用旧布、旧衣服和再生棉生产和销售翻新产品。鲤鱼旗风衣、毛绒玩具等具有现代感和创新设计的产品在这里一应俱全。鲤鱼旗是端午节期间，在上胜町月谷温泉前举行的“彩灯鲤鱼祭”上废弃的，用这些废弃的鲤鱼旗制成的衣服和配饰深受当地居民和游客的喜爱。

“零垃圾认证”是激励“零垃圾”行动参与者的新机制。2017 年，上胜町零垃圾学院建立了“零垃圾认证体系”，进一步在全社会推广零垃圾经营理念。零垃圾认证包括六个方面：一是尽可能地本地生产、本地消费，努力控制废弃物的产生；二是在采购原材料时减少容器和包装的浪费；三是不要在免费服务中使用一次性产品；四是为用户设计参与垃圾减量和分类的方式；五是鼓励“自带”机制，即用户自带杯子时，可以给予折扣；六是当地再利用，利用当地的资源，提供服务。6 个项目都会进行认证，获得认证将颁发证书，店铺可以将证书贴在门口，作为宣传。目前，上胜町有 7 家餐厅通过了“零垃圾认证”。

“公共屋”和“问号酒店”是体验零垃圾生活的地方。2015 年，上胜町建造了一座名为“公共屋”的建筑，这是一座零垃圾的生活体验中心，由著名建筑设计师中村拓志完成。它是一个功能复合的社区中心，集杂货店、食品店、酒吧、酿酒厂等功能于一体。建筑用的雪松木、落地橱窗、砖头、瓷砖都是二次利用；空玻璃瓶和破碎的杯子处理后被做成了吊灯，旧报纸被做成了墙纸……为了减少过度包装造成的浪费，杂货区销售的商品，从坚果到面食和米饭的各种调味料都是散装称重的，每一位居民需要带上自己的容器前来购买。

继“公共屋”之后，中村拓志设计的“问号酒店”（Hotel Why）成为全球首个“零废弃”酒店。整个酒店仍是采用废弃物品二次利用并加以改造而成，从空中俯瞰，它呈一个巨大的红色问号，仿佛在不断提醒和反问世界：我们能否坚持可持续发展呢？这家酒店也的确在其官网上提出了 4 个问题：针对消费者的为“你为什么买它？”“为什么要扔掉它？”，针对生产者的为“为什么生产？”“为什么卖它？”酒店的诞生是对零浪费行动的号召，它希望来酒店住宿的人们能牢记“为什么”的环保概念。酒店不会提供一次性的牙刷、牙膏等用品，也没有睡衣……在住宿期间，房客产生的所有垃圾都会经过严苛的分类，且让房客知道所有的垃圾在分类后去了哪里。严格环保措施，时时刻刻向房客传递环保理念，令人印象深刻。

除了回收措施，宣传推广也尤其重要，政府会给村民赠送“垃圾回收日历”，标明垃圾回收日期等信息，简单易懂，细致入微。虽然其过于精细的垃圾分类制度一度招人抨击，但是在人类粪便中检测出微塑料的新闻报道之后，日本曾骄傲地宣称他们的塑料回收率达到了惊人的84%，在前端做好精细分类后极大降低了后端塑料污染治理的复杂程度和治理成本。

由于水源干净，空气清新，这里的树叶也几乎没有污染，能够直接放到料理中作为食品级的伴碟装饰。北美和欧洲的高级餐厅里都能找到上胜町树叶的身影。这里的老人家们每年仅靠卖树叶就能有2亿6千万日元的收入，自给自足毫无压力。

尽管上胜町垃圾分类已经取得了显著的成效，但其垃圾分类之路并没有就此止步，2003年9月他们在全日本第一个发布了《零垃圾（零废弃）宣言》，提出继续深化垃圾再利用再资源化，在2020年之前放弃垃圾焚烧和填埋处理。在上胜町的带动下，日本福冈县三潴郡大木町、熊本县水俣市、东京都町田市、奈良县斑鸠町、神奈川县叶山町、神奈川县逗子市等纷纷提出零垃圾政策。

146 欧洲发达国家垃圾分类收集处理有哪些先进做法？

答：垃圾围城、垃圾遍地、污水横流是发达国家在生活垃圾治理初期普遍遇到的问题。以瑞典、挪威和丹麦等为代表的北欧国家，用相当长的时间探索形成了较为成熟的以垃圾减量为目标的城市生态减负方案。北欧不少城市不仅实现了高达 97% 的资源回收和焚烧供能比率，而且出现争相进口垃圾的“怪象”。北欧经验的内在逻辑正是对症下药，通过系统化的政策链条、精细化的公共服务、合理化的利益分配和科技化的回收系统，实现垃圾减量，降低城市脆弱性。

（1）政策链条的系统化。北欧采用的是垃圾分类、资源回收和焚烧转化三策并举的做法，实现生活垃圾回收极大化、废弃极小化、资源循环化。

垃圾分类与资源回收相辅相成。自 20 世纪 90 年代起，北欧国家普遍通过立法形式实施垃圾强制分类。北欧国家垃圾分类的基本要求是区分可燃与不可燃垃圾、可回收与不可回收垃圾。居民小区设置 8 ～ 10 种不同颜色和标识的垃圾箱，用于投放生物质垃圾、废纸、塑料包装、玻璃制品、金属制品等不同类型的废弃物。为了回收厨余垃圾，很多超市还提供免费的厨余垃圾纸袋，纸袋上面有密闭封条，以防气味散出。植物垃圾、剩菜剩饭和废弃食品等生物质垃圾经过发酵后用于堆肥；废纸、废玻璃、废金属等被分别送往不同的处理厂进行回收处理再利用。厨余垃圾和植物垃圾通常占到废弃物的 1/3，不少北欧城市的回收站安装有花园植被修剪废弃物再翻新系统，树木枝叶和杂草等被投入其中进行生物分解，两个月后可以形成堆肥原料，免费提供给有需要的市民。

随着垃圾减量政策效应的不断发挥，当地实际需要焚烧的垃圾仅占垃圾焚烧厂总处理能力的 20% 左右。为增加垃圾能化收益，近些年北欧国家开始从欧洲其他城市甚至是北美洲城市“进口”垃圾，既补充了垃圾焚烧厂日常运营的经费需要，又为北欧居民提供了更多的能源，也部分减轻了其他城市的垃圾消纳负担。垃圾分类在北欧普及后，资源物的回收比例显著上升，垃圾焚烧和填埋对土地、环境和公共卫生的负面影响得到明显改善，良性的政策循环为北欧生态城市的建设创造了实实在在的效益。

（2）公共服务的精细化。垃圾分类或多或少会对居民的日常生活造成不便，导致居民的主动分类意愿不高，政府精细化的公共服务有助于改善这种状况。政府及其委托的清运回收公司会向每个家庭发放《垃圾分类指南》，孩童在基础教育早期就会在学校中学习如何正确进行垃圾分类和资源回收。

在家庭中必备的“垃圾清运日历”上，清清楚楚地标明了垃圾清运回收的类型和时间。在丹麦，清洁队每周清运 2 次生活垃圾，每 2 周清运 1 次废纸，每 4 周清运 1 次金属制品。清运路线和清运时间都有详细规定，尽可能减少对社会通行车辆的影响。如果清洁队发现小区有居民不配合进行垃圾分类，也会停止提供整个小区的垃圾清运服务。这种做法旨在使小区居民成为垃圾分类的命运共同体，加强住户之间的相互监督。

超市门口通常会摆放两类回收设施，一类是用于回收废旧电池、灯泡、灯管等特殊垃圾的专用回收箱，另一类是用于回收易拉罐和饮料瓶的自动退瓶机。在大型家具和家电回收方面，市民有多种选择。小区居民可以电话预约回收队上门回收，也可以用较低的费用集体租用大型家具家电回收箱，还可以自行开车将大型物件送至回收站或零售店。市民还可以从回收站的交换中心换取自己想要的物品，既经济环保又便捷。

瑞典政府还于1994年率先提出“生产者责任制”方案，通过立法规定产生可回收资源物的生产者，必须在产品包装上详细说明资源物的回收方式，指导消费者进行分类回收。没有能力自主建立产品可回收部分再利用系统的企业，可以缴纳会费加入生产者责任制登记公司，由这些公司代为履行回收再利用义务。通过政府、企业、社会组织和广大公众的共同参与和协同配合，生产者责任制很快渗透到了不同行业和不同领域。

（3）利益分配的合理化。合理的利益分配是推动公共政策持续作用的内在动力。北欧国家充分发挥市场机制的自发调节作用，将经济激励的诱因嵌入垃圾减量政策中。除了垃圾能源化带来的能源费收入外，家庭缴纳的清运回收费也是维持垃圾处理体系有序运转的经费来源。在北欧，垃圾费的收取严格遵循“谁污染，谁付费”原则。北欧居民需要付费购买回收清运公司的服务，这些服务包括向家庭提供垃圾桶以及上门清运。显然，分类后产生的垃圾要远远少于未经分类的废弃物总量，垃圾分类越彻底，所需要支付的清运费也越低。

北欧国家还采取了一系列措施鼓励企业和市民进行资源循环利用。在瑞典，生产包含强制回收资源的企业，在产品生产前需要向环保部门缴纳押金，等产品消费后资源部分的回收比例超过一定水平，押金才会退还给企业。消费者购买饮料时，需要同时按照包装标签标识的押金额支付押金，这笔押金可以通过超市门口的自动退瓶机返还。在挪威，消费者购买的每瓶饮料都需要征收环保税，但回收次数越多，环保税越低。

尤其值得关注的是，"邻避效应"在北欧已经不再是难以化解的矛盾。垃圾焚烧厂是典型的邻避设施，化废为能在很多国家被认为非常"不划算"。但依靠成熟的化废为能技术和完善的补偿机制，垃圾焚烧厂在北欧较好地实现了社区融入。政府环保部门建立了对垃圾焚烧厂污染物排放情况的实时监测体系，社会公众也可以通过各种方式对垃圾焚烧厂的污染物排放情况进行监督。外观与功能的改进也有效化解了市民厌恶垃圾焚烧厂的刻板印象。北欧有不少地标性的垃圾焚烧厂，不仅造型独特，而且还成为市民观景、滑雪、攀岩、健身、聚会的城市公共空间。

北欧经验表明，垃圾减量是缓解城市垃圾围城的有效途径，但政策效力的发挥是一个循序渐进的过程，从政策倡导到强制分类再到公民自觉自愿进行垃圾分类与资源回收，不能一蹴而就。公共政策制定者要充分运用利益杠杆、社会参与、行政监督和立法强制等多种手段，综合施策，协同治理，为城市永续发展争取更多的时间和空间。

（4）回收系统的科技化。得益于极高的工业化水平，瑞典首都斯德哥尔摩等北欧城市为了避免垃圾在运输途中的二次污染，创新应用了垃圾自动收集系统，全世界最大的垃圾自动收集系统就在斯德哥尔摩的滨海新城汉马北地下。这是一套密闭式系统，安装有3个垃圾投放口，分别处理有机垃圾、可回收垃圾和一般垃圾。

垃圾自动收集系统的地下通道堪比地铁网络，在很多小区旁边设立了垃圾中央收集站，从中延伸出来的各个管道，连接着社区不同种类的垃圾桶。采用真空垃圾收集技术，各种垃圾通过地下管道网络被统一输送到城市边缘的收集中心，然后再运输到垃圾焚烧场、填埋场和回收中心作进一步处理。与传统垃圾收集方式相比，垃圾自动收集系统更加环保，效率更高。居民刷卡支付后，便能打开地面的垃圾箱门，将垃圾投入其中。桶内有自动感应装置，一旦装满，阀门自动开启，在强劲风力的推动下，垃圾以 80 km 的时速运往中央收集站。这种方式大幅缩短了垃圾收集清运的时间，传统方式最快也需要一天左右的时间，垃圾自动收集系统仅需要 1.4 h，转运时间的大幅缩短也极大程度上减少了过程中恶臭气体等二次污染物的影响。

147 国外建筑垃圾治理有哪些值得借鉴的经验做法？

答：发达国家的城镇化进程领先我国 30 年以上，因此其建筑垃圾治理问题的出现也远早于我国。经过长期的实践探索，日本、美国、德国等各自探索出了适合其国情的建筑垃圾治理方案。

1. 日本

目前，日本的建筑垃圾资源再利用率已超过 50%，其中废弃混凝土利用率更高。在住宅小区的改造过程中，已能实现建筑垃圾就地消化，经济效益显著。根据日本建设省对 74 万项工程建筑垃圾的调查结果，再生利用率最高的是混凝土块和沥青混凝土块，而经过中间处理后，减少率最高的是混合废弃物与建设污泥。建筑垃圾产生量约为 6 700 万 t/a（除去建设余泥渣土），从处理方法上看，再生利用率为 35.2%，中间处理减少率为 19.7%，最终处理率为 59.7%。

（1）管理制度方面。日本十分重视建筑垃圾的再生利用，将建筑垃圾视为“建设副产品”，其再生材料被用于建材的原材料、道路路基、扩展陆地围海造田的填料等。日本对于处理建筑垃圾的主导方针是，尽可能不从施工现场运出废弃物，建筑垃圾要尽可能重新利用。日本已出台一系列建筑垃圾处理政策和法律。1970 年制定了《有关废弃物处理和清扫的法律》（或称《废弃物处理法》）。1974 年日本便在建筑协会中设立了“建筑垃圾再利用委员会”，在再生集料和再生集料混凝土方面取得大量研究成果。20 世纪 90 年代初，日本制定规范，要求建筑施工过程中的渣土、混凝土块、沥青混凝土块、木材与金属等建筑垃圾，必须送往“再生资源化设施”进行处理。1991 年 3 月，日本建设省实行“再循环法”，提出有效地利用资源。1994 年 10 月制订了“建筑副产品对策行动计划”，积极推行建筑垃圾再循环政策。1997 年制定《再生集料和再生混凝土使用规范》，1997 年 10 月，修改“再循环法”，制定“建设再循环推进计划 97”。1998 年 8 月，建设省制定“建设再循环指导方针”。1998 年 12 月，进一步修改了“推进建筑废弃物正确处理纲要”。2000 年 5 月制定公布“建设工程用材的资源化等有关法律”（简称“建设再循环法”）。此后相继在全日本各地建立了以处理拆除混凝土为主的再生工厂，生产再生水泥与再生骨料，有些工厂的规模达到 100 t/h。

（2）处理技术方面。日本已经形成成熟的建筑垃圾处理技术，从建筑工地运来的垃圾经过磅后，采用机械和人工方法，按木材、纸片、混凝土、塑料、金属等进行分类，分为粗分和细分两个过程。粗分过程比较简单，主要是用手工方法分拣出大块木材及包装纸箱等，用铲车等挑选出大块混凝土。将粗分后的建筑垃圾混合物用铲车送入机械流水线以进一步细分。分离后的残渣焚烧处理，以进一步减少废弃物的体积。对不溶不燃物进行掩埋处理。可用的废纸、金属及成块木材，可直接出售给有关企业作为原料进行再利用。碎木材由皮带运输机送破碎机进行破碎，经磁选除金属后，经过多级筛分机进行筛分，分为造纸原料，水泥木屑板、刨花板和密度板原料，牲畜垫栏原料及燃料原料等，放入不同的储库内，作为原料供应有关企业。用抓斗将大块混凝土敲碎，回收其中的钢筋，混凝土用破碎机进行破碎，经筛分除去砂土，清洗干净的碎混凝土可作为铺路基的材料，还可用作混凝土的集料。

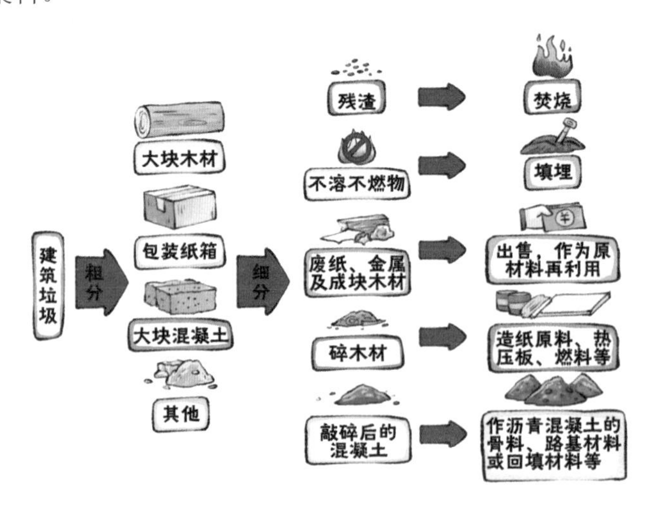

2. 美国

目前，美国每年产生城市垃圾 8 亿 t，其中建筑垃圾 3.25 亿 t，约占城市垃圾总量的 40%。经过分拣、加工，再生利用率约 70%，其余 30% 的建筑垃圾填埋处理。美国每年有 1 亿 t 废弃混凝土被加工成骨料用于工程建设，通过这种方式实现了再利用，再生骨料占美国建筑骨料使用总量的 5%。68% 的再生骨料被用于道路基础建设，6% 被用于搅拌混凝土，9% 被用于搅拌沥青混凝土，3% 被用于边坡防护，7% 被用于回填基坑，7% 被用在其他地方。美国在混凝土路面的再生利用方面也成绩斐然，美国的 CYCLEAN 公司采用微波技术处理沥青建筑垃圾，利用率达 100%，其质量与新拌沥青路面料相同，而成本可降低 1/3，且能够保证产品质量，节约了清运和处理费用，并且大大减轻了环境污染和温室气体排放。

（1）管理制度方面。美国在建筑垃圾资源化领域起步较早，在政策法规和实际应用方面都形成了一套完整、全面、有效且符合自身情况的制度体系。美国对建筑垃圾实施“四化”，包括减量化、资源化、无害化和综合利用产业化。美国对减量化特别重视，从标准、规范到政策、法律，从政府的控制措施到企业的行业自律，从建筑设计到现场施工，从建材优胜劣汰到现场使用规程，无一不是限制建筑垃圾的产生，鼓励建筑垃圾“零”排放。这种源头控制方式可减少资源开采，减少制造和运输成本，减少对环境的破坏，比各种末端治理更为有效。美国还把处理建筑垃圾作为一个新兴产业来培育，研究如何使建筑垃圾处理形成新的产业。美国政府制定的《超级基金法》规定：“任何产生工业废弃物的企业，必须自行妥善处理，不得擅自随意倾卸”，从而在源头上限制了建筑垃圾的产生量，促使企业自觉地寻求建筑垃圾资源化利用的途径。

（2）产业体系建设方面。美国的建筑垃圾综合利用大致可分为 3 个级别：①低级利用，即现场分拣利用、一般性回填等，占建筑垃圾总量的 50% ～ 60%。②中级利用，即用作建筑物或道路的基础材料，经处理厂加工成骨料，再制成各种建筑用砖等，约占建筑垃圾总量的 40%。美国的大中城市均有建筑垃圾处理厂，负责本市区建筑垃圾的处理。③“高级利用”，所占比重较小，如将建筑垃圾加工成水泥、沥青等再利用。在建筑垃圾管理政策方面，已经过“政府—市场—政府加市场”3 个阶段的演变。第一阶段是基于政府主导的命令与控制方法，通过行政手段实现污染控制；第二阶段是基于市场的经济刺激手段，强调企业在建筑垃圾产生方面的源头削减作用；第三阶段是在进一步完善政策的基础上实现政府倡导和企业自律的结合，提高广大公众的参与意识和参与能力。

（3）典型技术方面。美国住宅营造商协会正在推广一种“资源保护屋”，其墙壁是用回收的轮胎和铝合金废料建成的，屋架所用的大部分钢料是从建筑工地上回收来的，所用的板材是锯末和碎木料加上 20% 的聚乙烯制成，屋面的主要原料是旧的报纸和纸板箱。这种住宅不仅利用了废弃金属、木料、纸板，而且较好地解决了住房紧张和环境保护之间的矛盾。

3. 德国

德国是世界首个大规模利用建筑垃圾的国家，早在“二战”

后的重建期间，就对建筑垃圾进行循环利用，不仅减少了垃圾清运的费用，而且大幅缓解了建材供需矛盾。

（1）管理制度体系方面。德国将建筑垃圾定义为：在建筑建造和拆除过程中产生的，没有被污染的开挖土、被污染的开挖土、建筑废物（惰性材料），以及其他大件废料和特殊废料。1972 年德国颁布《废物处理法》，在增补草案中，德国对各种建筑垃圾组分的利用率比例做出规定，并对未处理利用的建筑垃圾征收存放费。1994 年《循环经济与废物管理法》规定，建筑垃圾的资源化处理，只能在官方授权的处置场所或处置设备中进行。德国建筑垃圾资源化利用的资金主要来自政府拨款和企业投资两个方面。政府拨款来源于联邦政府向国民征收的税收以及环保收费，通过编制财政预算进行资金投放。另外，根据德国废弃物处置集体机制（Duales Systeme Deutschland，DSD）系统的要求，参与其中的“绿点”企业须缴纳一定的环保标志使用费。同时，德国采取多层级的建筑垃圾收费价格体系，并在法律法规中明确了相应的处罚原则。

德国典型城市建筑垃圾堆存收费价格

城市	种类	收费单位	收费价格 / 欧元
柏林	砂石、地面覆盖材料、黏土	每垃圾箱（2 m^3）	119.00
	混凝土、砖、地面砖、陶瓷	每垃圾箱（2 m^3） 每垃圾箱（2.5 m）	107.10 136.85
	未经分类的建筑垃圾（不含危险材料、油毡纸、窗户木头等）	每垃圾箱（2 m） 每垃圾箱（3 m^3）	172.55 214.20

城市	种类	收费单位	收费价格/欧元
柏林	没上油漆的木头	每垃圾箱（2 m^3） 每垃圾箱（3 m^3）	119.00 130.90
Hoelschberg	混凝土等可重新利用的建筑垃圾	1 m^3	9.20
	不能回收利用的建筑垃圾	1 m^3	15.30
	开挖土	1 m^3	6.10
Helvesier-Rehr	建筑垃圾	1 t	23.00
	开挖土（轻微污染）	1 t	37.00
	开挖土（未被污染）	1 t	5.00

注：1 欧元≈7.767 8 人民币（2024 年 4 月 26 日汇率）。

（2）处理技术方面。德国建筑垃圾之所以回收利用率较高，主要归功于成熟的废弃物处理技术。德国西门子公司开发的干馏燃烧垃圾处理工艺，可将垃圾中的各种可再生材料十分干净地分离出来，再回收利用，处理过程中产生的燃气则用于发电，垃圾经干馏燃烧处理后有害物质仅剩下 2 ～ 3 kg/t 垃圾，有效地解决了垃圾占用大片耕地的问题。碎旧建筑材料主要用作道路路基、造垃圾填埋场、人造风景和种植等。

（3）产业培育方面。德国垃圾处理具有巨大的市场，建筑垃圾的回收利用率很高，在 87% 以上，因此德国存在数量较多的建筑材料回收企业。早在 20 世纪末，德国就有 200 家企业的 450 个工厂进行建筑垃圾的循环再生，年营业额达 10 亿欧元。

4. 新加坡

新加坡于 2002 年 8 月开始推行“绿色宏图 2012 废物减量行动计划”，将废弃物减量作为重要发展目标。在建筑领域，建筑工程广泛采用绿色设计、绿色施工理念，优化建筑流程，大量采用预制构件，减少现场施工量，延长建筑设计使用寿命并预留改造空间和接口，以减少建筑垃圾的产生。同时，对建筑垃圾收取 77 新加坡元 /t 的堆填处置费，增加建筑垃圾排放成本，以减少建筑垃圾排放。

为减少建筑垃圾处理费用，承包商一般在工地内就将可利用的废金属、废砖石分离，自行出售或用于回填和平整地面，其余的则付费委托给建筑垃圾处理公司。在建筑垃圾综合利用场所内，对建筑垃圾实施二次分类：已拆卸的建筑施工防护网、废纸等将被回收打包，用于再生利用；木材用于制作简易家具或肥料；混凝土块被粉碎后加工用于制作沟渠构件；粉碎的砂石出售用于工程施工。未进入综合利用厂的其他建筑垃圾被用于铺设道路或运送至实马高岛堆填区填埋。

新加坡对建筑垃圾处理实行特许经营制度。新加坡有 5 家政府发放牌照的建筑垃圾处理公司，专责承担全国建筑垃圾的收集、清运、处理及综合利用工作。建筑垃圾处置公司须遵守有关环境法规。未达到服务标准的，国家环境局可处以罚金，严重的吊销牌照。如非法丢弃建筑垃圾，最高将被罚款 50 000 新加坡元或监禁不超过 12 个月或两者兼施，建筑垃圾运输车辆也将被没收。在建筑垃圾综合利用与处理过程中，新加坡建设局等部门也介入管理。建设管理部门在工程竣工验收时，将建筑垃圾处置情况纳入验收指标体系范围，建筑垃圾处理未达标的，则不予发放建筑使用许可证；在绿色建筑标志认证中，也将建筑垃圾循环利用纳入考核范围。

148 我国首批“无废城市”建设试点的制度体系建设成功经验有哪些？

答：总体来看，全国首批“无废城市”试点城市在顶层设计、组织实施、要素保障和宣传教育方面都形成了丰富的经验，主要包括：

第一，加强问题导向、目标导向，因地制宜科学绘制“无废城市”蓝图。例如，绍兴市将方案编制工作落实到基层，编制1个总体方案、4个专项子方案、7个区县子方案，通过专项子方案和区县子方案的制定，既充分调动了各部门和各区县的工作积极性，又使方案具有可操作性。福建省南平市光泽县立足全国生态食品城、山区农业养殖县、生态文明建设示范县等基本县情和发展定位，将做好“无废农业”“无废农村”“无废圣农”三篇文章作为核心任务。深圳市以“无废城市”建设试点为契机，全方位推进固体废物综合治理体制机制改革创新。充分利用特区立法权优势，编制4个地方法规和3个地方规章，出台77个政策文件，强制推进生活垃圾分类管理，强制开展建筑垃圾限额排放，拓展绿色信贷、绿色税收、绿色债券产品种类，完善各类固体废物全过程监管、申报登记、电子联单等管理制度。威海市将“无废城市”建设作为精致城市建设的重要内容和有力抓手，开展城市建设系统工作，编制《威海市精致城市建设条例》《威海市精致城市建设三年行动方案》《关于开展“美丽城市”建设试点　推进精致城市建设的实施方案》等文件，这些文件都将固体废物管理作为精致城市建设的重要内容，并提出了具体要求。结合“精致城市”六大内涵和五大建设目标，威海市提出了“精致城市”背景下的“无废城市”建设重点内容，包括精细化管理机制、精准化城市治理、精准化公共服务、精致化固体废物回收等具体内容。

第二，加强组织领导、高位推动，建立健全推进实施工作机制。试点城市普遍将“无废城市”试点工作作为“一把手”工程，均成立了以党委、政府主要负责同志为组长的专题领导小组，并以领导小组为核心，建立了横向覆盖固体废物相关的各职能部门，纵向下沉至乡镇村的统筹协调推进机制。试点城市和地区均建立工作落实机制，细化责任、任务和项目清单，建立了工作简报、专报、通报制度。试点城市/地区政府负责同志定期召开推进会、协调会、专题会，研究解决重点、难点问题。例如，深圳市建立人大、政协参与“无废城市”建设工作机制，人大设立代表问政会、政协设立委员议事厅，对照《深圳市生活垃圾分类管理条例》和“无废城市”建设试点实施方案，对政府职能单位落实“无废城市”建设任务情况进行监督检查，对公众关注的问题进行咨询问政，参加生态文明建设考核评审，开展项目现场检查督导。徐州、威海等城市抽调优秀的年轻干部和主要职能部门的精干力量建立实体化运作专班，并建立了每周例会制度和重要事项会商制度。绍兴、徐州、包头、盘锦制定“无废城市”建设试点工作考核办法、评分细则，按年度下发考核任务书，通过倒排时间、挂图作战、定点销号全面抓好落实工作。

第三，加强要素保障，厘清各部门职责，推动分工协作形成工作合力。试点城市和地区围绕推进“无废城市”建设的政策、土地、资金、技术、人才等方面的需求，着力抓好各项要素保障，确保实施方案各项任务和工程项目能够落实见效。例如，重庆市级财政安排5 000余万元专项资金支持“无废城市”建设。深圳市成立“无废城市”技术产业协会，吸收国内80余家从事固体废物利用处置的骨干企业，与“一带一路”沿线55个国家的200多个华侨商会进行对接，推动交流合作。许昌市利用“无废城市”试点机遇，吸引9个对德战略和技术合作项目以及7.9亿元投资，有力地推动了传统支柱产业升级。徐州市与国家开发银行展开深入合作，通过统筹融资内容、还款来源、增信方式，获得国家开发银行贷款授信约45.5亿元支持循环经济产业园建设。三亚市统筹城市基础设施用地，规划建设总用地面积约3 043亩的循环经济产业园，全面解决生活垃圾、建筑垃圾、餐厨垃圾、危险废物、医疗废物等固体废物利用处置设施的用地问题。绍兴市全面梳理各级规章制度，按照“好的实施，不足的修订，空白的制订”的原则重点推进，制定了“无废城市”的“62+X”项制度体系，强化制度供给保障；同时，组建了由79名专家组成的“无废城市”地方专家团队，建立专家帮扶机制，指导各区县落实“无废城市”建设各项工作。北京经济技术开发区围绕“无废城市”建设试点核心任务，安排“无废园区”建设、危险废物豁免管理、餐厨垃圾就地处理、污泥减量等4项课题研究，输出绿色智慧和技术。

第四，加强宣传教育，鼓励社会各界积极参与，主动作为。试点城市努力营造全社会广泛认同、广泛参与的氛围，制定“无废城市”建设宣传工作方案，通过宣传册、海报、报纸、电视、电影院、公交、出租车、商业户外电子屏、微信公众号等多渠道，采取多种形式，全方位、多渠道宣传“无废”理念。试点城市、地区充分发挥群团组织作用，针对不同群体，开展差异化宣传。例如，三亚市以旅游行业为媒介，打造机场—酒店—景区—商场—海岛的第一印象区，树立绿色旅游品牌形象，打造“无废城市”宣传窗口。瑞金市发挥红色资源优势，将“无废城市”建设理念融入红色培训教育全过程，全方位打造“无废城市”建设理念的宣传高地，如发挥课堂教学主渠道作用，编制“无废城市”生活手册、中小学生“无废城市”教材等。光泽县充分利用广场舞队伍、“音乐徒步队”等群众团体举办大型“无废城市”宣传活动。民间环保志愿者原创《无废城市光泽美》《我在光泽等你来》两首舞曲作为广场舞背景音乐，利用全县 30 支舞蹈队进行大规模群众性宣传。投入 100 万元资金，结合开展“好母亲素质提升工程”，与武夷学院建立合作关系，依托高校师生资源开展宣传教育活动，激活党员、师生、志愿者等社会各界力量深入乡村、厂矿、机关、学校，对全县 16 万人全方位开展宣传教育，积极营造氛围，引导舆论，引导群众积极参与“无废城市”建设。

149 首批“无废城市”建设试点在建设资金筹措方面有哪些成功案例和经验？

答： 在全国首批“无废城市”建设试点阶段，各城市通过财政拨款、绿色信贷、专项债、企业投资等多种资金筹措方式，推动了重点工程项目的落地实施。其中，徐州市创新实施的“三统筹”模式是“无废城市”建设过程中破解融资难题的成功样板。

试点阶段，徐州市循环经济产业园建设策划包含生活垃圾焚烧发电、餐厨垃圾处理、危险废物处置和废活性炭再生利用等 11 个环保项目，“中国无废城市文化”展示馆、“中国循环经济产业”博览馆、国家级工程技术研发中心等 3 个科研宣教类项目，以及相关配套工程，总投资达 60 亿元。针对产业园中各项目“小而散、选址难、公益性强”导致的融资难问题，徐州市按照“项目系统规划、资源充分整合、园区分步建设、收益整体平衡”的原则，发挥新盛集团国资平台融资优势，加强与国家开发银行对接，利用“无废城市”建设试点、长江大保护、江苏省全域生态提升等国家和地区重大战略契机，创新性地提出统筹融资内容、还款来源、增信方式的“三统筹”融资模式，解决了产业园起步区建设资金需求，有力推进了徐州市“无废城市”建设。具体成功经验有三个方面：

一是统筹融资内容。徐州市突破传统贷款项目不得与不相关其他项目建设内容捆绑申请的限制，即污水处理、建筑垃圾处理等环保项目，园区基础设施建设项目与影响区居民搬迁安置项目之间无直接关联性，项目互相独立，在融资方案设计中将上述互相独立的板块、项目以起步区建设的名义打包作为一个整体，推进贷款评审工作。

二是统筹还款来源。综合材料处置、污水处理、建筑垃圾处置等环保项目自身具有较好的现金流，符合银行贷款的评审政策，但园区基础设施建设项目及影响区居民搬迁安置项目现金流较弱，难以满足银行贷款评审要求。因此，将上述项目以起步区建设的名义整体打包后，各子板块的现金流汇总成为起步区建设项目的整体收入，并作为贷款的第一还款来源，同时以母公司新盛集团的综合现金流作为有效补充，突破传统贷款中项目自身收入必须覆盖贷款本息的限制，使得打包后的项目在收入能力上符合贷款评审要求。

三是统筹增信方式。本次纳入贷款范畴的环保项目建设、园区基础设施建设及影响区居民搬迁安置3个板块实施内容中，仅环保产业项目具有可抵押的土地或房产，符合贷款评审合规性要求；基础设施建设具有少量可供抵押的土地及房产，影响区居民搬迁安置项目无可供抵押的土地或房产资源，均不满足贷款评审合规性要求。在贷款方案设计中，将3个板块涉及的所有土地、房产、机器设备统一作为抵押物向国家开发银行进行贷款抵押，并增加母公司新盛集团担保，使项目整体具有自我抵押增信的能力，同时增加了新盛集团AAA级信用评级的担保增信，满足了贷款评审增信要求，突破了项目自身资产评估抵押价值必须覆盖贷款本息的限制。通过创新实施“三统筹”融资模式，徐州市循环经济产业园项目最终获得国家开发银行授信贷款约45.5亿元，期限20年，有效解决了产业园融资难题，成为国家开发银行系统内资源循环利用产业园类项目中“首例”获批的贷款项目。

150 “无废企业”建设的典型案例和做法有哪些？

答：“无废企业”是“无废城市”的重要细胞，是践行“无废社会”建设理念，促进形成资源节约、环境友好生产方式和简约适度、绿色低碳生活方式的重要环节。自“无废城市”建设以来，各城市和各行业企业都已经开展了大量的“无废企业”探索实践，中石化等一批央企、国企率先开展了“无废集团”建设，将“无废企业”的建设工作提升到了集团公司的系统组织层面。

1. 中国石油化工集团有限公司

中国石油化工集团有限公司结合危险废物等固体废物实际情况，制定实施《“无废企业”建设实施工作方案》。始终坚持“减量化、资源化和无害化”的固体废物控制总原则，并结合“谁的专业谁负责”“谁的属地谁负责”“谁产生谁负责”的管理原则，合法合规管理现场辅材及固体废物，依法承担污染防治责任和法律风险防控。

集团公司确立了“到2022年年底，完成‘无废集团’先行先试企业建设内容；‘十四五’期间持续开展固体废物减量化相关工作，多措并举深挖企业固体废物资源利用的潜力，提升总体管理成效”的总体目标。具体确定了组织管理、智慧管理、技术管理、现场管理、生活管理等方面的具体目标。在实施过程中提出了具体的量化技术标准，具体包括：企业固体废物规范化处置率100%，危险废物产生量较2021年下降20%，生活垃圾分类覆盖率100%；工业固体废物综合利用率提升10%，生活垃圾资源利用率90%；危险废物外委处理量在2.4 kg/万元以内；完成1～2项危险废物“脱危鉴定”。

具体的实施内容包括：开放形式，加强宣传教育；开展固体废物管理竞赛；带领基层交叉周检，提升管理水平；持续开展绿色包装业务，源头降低废物产生量；危险废物全生命周期跟踪管理；“投用高效碱＋碱渣回注”，促使碱渣产生量、外委处置量双项降低；增加浓缩回炼，源头降低冷有机废液产生量；探寻各类废物内部利用处置的可能性；结合地方政府推进“无废城市”的创建方案，推进污泥综合治理及生活垃圾资源化利用工作的开展；开展危险废物“脱危”研究；施工现场固体废物规范化管理。

2. 中国石化川维化工公司（川维化工）

作为中国石化在西南地区唯一的一家炼化企业，川维化工积极响应重庆市“无废城市”建设和中国石化“无废集团”创建要求，持续开展固体废物“源头减量、过程控制、末端利用”工作。川维化工是中国石化“无废集团”首批先行先试企业之一，率先完成了集团公司“无废企业”信息化系统建设，公司固体废物管理实现了全过程可追溯、信息化，危险废物管理水平得到进一步提升。

“无废企业”建设期间，川维化工先后实现了高浓度甲醇废水产品化改造、废硫酸再生循环利用及乙醛综合利用等危险废物减量化、资源化和无害化综合利用，公司危险废物产生量降低68%，综合利用率高达98%以上。开展炭黑滤饼、生化污泥、离子交换树脂、干馏渣等一般工业固体废物属性鉴定。新建1 200 m^2危险废物暂存场，投资6亿元建成投运中国石化西南危险废物处置中心。公司采用中国石化自有烷基废酸制酸回收技术，投资1.2亿元，建成一套废硫酸再生循环利用装置，废硫酸经高温焚烧裂解、净化、干吸、转化等工序，生产出合格硫酸产品，返回上游生产装置，产品硫酸回收率达到98%及以上。该项目不仅实现了硫元素在公司内部循环使用，而且每年创造经济效益8 000余万元。

3. 雪花啤酒（嘉善）有限公司

据测算，企业每生产1 000 L啤酒，将会产生156.5 kg酒糟、18.5 kg废酵母、3.4 kg污泥、1.5 kg废玻璃、0.2 kg废金属、0.6 kg废木材、2.1 kg废塑料、3.2 kg废纸。雪花啤酒（嘉善）有限公司每年约生产2.5×10^8 L啤酒，其固体废物产生量高达40 000 t左右，但是这些固体废物都被二次利用，利用率高达100%。其中，酒糟作为牧场饲料，废酵母作为酵母提取物，污泥作为制砖原料，废玻璃、废纸、废塑料、废金属等回收作为工业生产原料，废木材作为燃料，所有固体废物均被有效回收利用，真正实现了资源化、循环化、无害化的绿色发展。

为有效实现上述过程，公司设立“无废工厂”管理领导小组，厂长亲自抓，落实人力资源经理、管理者代表、安全健康环境经理等管理层职责，将责任落实到个人。制定厂区环境卫生管理制度，工厂整体环境整洁，严格把控生产环节，固体废物分类清晰，生产原料辅料及产品无随意堆放。倡导绿色办公，节约用纸，实行双面打印。开展绿色采购，通过在线采购平台，优先选用固体废物产生量小、危害性小的原料，积极推广可循环包装产品和物流配送器具。

公司建立固体废物管理程序，明确废品的分类与储藏，详细记录化学废品控制表，减少工业固体废物的产生量，降低工业固体废物的危害性。生产过程中产生的一般工业固体废物、危险废物严格按照相关要求规范分类并贮存，统一建立真实有效的管理台账。公司采用的全套工艺和设备处于国际领先水平，可有效降低工业固体废物的产生量及危害性，企业工业危险废物产生强度年度增长率实现负增长。公司通过建立基础信息表、出厂环节记录表、一般工业固体废物流向月度表等信息化管理台账，进行详细和精确的监控和控制，提高效率和效益，保证信息的准确性与可溯源性。

151 “无废园区”建设的典型案例和做法有哪些？

答：“无废园区”是持续推进以工业源为主的各类固体废物实现源头减量、资源化利用、控制固体废物贮存处置总量趋零增长的关键平台。北京经济技术开发区作为全国首批“无废城市”建设试点取得成功以来，全国各地陆续推动了“无废园区”的建设，积极构建工业园区的绿色低碳循环发展和“无废”理念实现路径，涌现出一批成功经验和典型模式。

（一）北京经济技术开发区

北京经济技术开发区以创建“无废园区”打造城市绿色循环枢纽模式，即立足辖区产废实际，依托先进环保技术，将区域发展代谢的高值废物再生为绿色产品，回用于园区基础设施建设、补充城市能源供给，同时利用先进产业发展模式示范作用，促使园区固体废物源头减量、降低产废强度，助力园区的绿色升级。从而形成固体废物的自产自销再生循环机制，不断为打造城市绿色循环枢纽提供内生动力，持续保障城市及相关产业的长期稳定运行。具体做法如下：

1.“城市矿产”反哺园区建设

（1）建筑垃圾就地堆山造景。为促进建筑垃圾源头减量，北京经济技术开发区管委会发布《绿色建筑、装配式、超低能耗建筑实施意见》，引领形成工业领域绿色建筑标准，试点期间绿色建筑占新建建筑的比例达 97%。为最大限度消纳园区工业建设产生的建筑垃圾，园区通过技术攻关与合理规划调配，实现建筑垃圾就近循环利用，回用于园区建设，打造公园景观，从而节省园区建设成本。试点期间共消纳建筑垃圾 15.3 万 m^3，大幅减少了园区建筑垃圾处理的压力。

（2）废旧轮胎铺就“绿色道路”。北京经济技术开发区积极倡导采用绿色环保新技术、新材料、新工艺，在基础设施项目建设中，以普通基质沥青和废旧轮胎橡胶粉为主要原料制备橡胶沥青，推广橡胶沥青使用，铺设“绿色道路”。在 50 余条新建及改（扩）建道路大规模铺筑橡胶沥青路面，总里程超过 120 km，摊铺面积 200 万 m^2，消耗废旧当量轮胎超 270 万条，减少二氧化碳排放超 30 万 t，成为亚洲首个城市道路运用橡胶沥青达百万平方米的地区，“减污降碳”效果十分显著。在解决了废轮胎处理问题的同时，节约了道路建设的原料投入，被国际橡胶沥青大会组委会授予国际环境保护金奖。

2. 节能环保产业为城市输送梯级利用能源

目前，北京市内的首批电动汽车动力电池基本已经进入退役阶段。“无废城市”试点建设以来，北京经济技术开发区针对退役动力电池的循环利用，扶植孵化了“动力电池梯次利用”的特色“无废”项目。“动力电池梯次利用”技术由辖区企业蓝谷智慧（北京）能源科技有限公司主导研发，技术模式主要为：使用智能设备针对不同电池模组规格进行拆解；采用梯次利用动力电池的电、热和安全管理系统技术，建立模型对储能系统进行优化配置；通过动力电池评估技术，提高电池重组利用率；利用大数据技术和数字孪生技术，实现对动力电池和产品的全生命周期数据管理和分析，极大地提升了动力电池使用的效能。北京经济技术开发区在2019年和2020年，回收装车后的退役动力蓄电池达900 t、生产/试验的废旧电池及B品电池达900 t，梯次利用产品电量66.43 MW·h，主要生产储能30.15 MW·h，低速车电池包7.16 MW·h，移动充电1.2 MW·h。

3. 先进产业模式带动园区固体废物减量

园区京东集团创新性提出绿色服务项目——青流计划，同时成为国内首个承诺设立“科学碳目标”的物流企业，充分发挥了龙头企业主动“减污降碳”的示范引领作用。通过携手供应链上下游伙伴，推动供应链端到端（包括品牌商到零售商、零售商到用户）的绿色化、环保化行动，探索在包装、仓储、运输等多个环节实现低碳环保、节能降耗，降低固体废物产生强度。2019 年 9 月，“京东云箱”平台正式上线，搭载了集 GS1、RFID、NFC 于一体的智能芯片，通过物联网“芯片扫描、系统记录”技术模式，使厂区内的托盘从功能单一的物流载具变成了可追溯、易管理的“智能共享托盘”，从而从源头减少了工业固体废物的产生。京东通过上门回收，实现固体废物源头减量。京东纸箱回收服务目前已覆盖北京、上海、广州等 100 多个城市，累计回收纸箱 540 万个，示范辐射带动作用显著。

（二）苏州工业园区

苏州工业园区将“无废城市”建设作为“十四五”时期园区生态环境保护工作的重要内容，推动形成节约资源和保护环境的空间格局、产业结构、生产生活方式，打造太湖流域生态环境保护和高质量发展示范区。具体做法有：

1. 整体谋划，做好“顶层设计”

园区固体废物管理现状摸排显示，一般工业固体废物产生量为 72.26 万 t，主要来源于造纸、电力、食品、医药和电子行业。多年来，园区以结构调整推进源头减量、以技术创新驱动工业绿色发展、以政策引导推动企业减污降碳、以管理优化推进工业污泥减量，已经形成较好的固体废物处置管理体系。“十四五”时期，苏州工业园区拟通过健全全环节覆盖的管理制度体系、全方位支撑的技术研发体系、全渠道畅通的市场运营体系和全过程保障的监督管控体系，全面提高固体废物资源化利用和安全处置水平。

2. 绿色转型，从源头减少废弃物产生

园区内的SEW-电机（苏州）有限公司是全球主要的电动机生产企业，公司通过建立绿色供应商考核机制，运用人工智能、物联网、大数据、云计算等新技术，实现生产过程节能增效。为打造“无废工厂”，SEW-电机在机加工车间新建集中供液系统，每年减少废弃乳化液近700 t，节省成本约300万元。在一般工业固体废物综合利用方面，公司通过膨切机将废纸板制作为成品电机的填充材料，使其实现100%资源化利用，实现减污降碳和节能增效“双赢”。

3. 完善危险废物收集管理体系

为打造苏州世界级生物医药产业地标核心区，园区积极参与产业载体环境管理规范化建设工作，邀请小微企业危险废物收集平台入驻园区，为区内企业提供“危险废物巴士”“环保管家”“环境隐患排查”“环境应急演练”等服务，在实现危险废物“日产日清”的同时，降低了运输和处置成本。为提升管理效率，小微企业危险废物收集平台通过设置信息化监控设备，对小微企业产废情况进行远程监控，为苏州工业园区营造低碳生态投资环境，助推经济、社会、安全和环境协调发展提供保障。目前园区对一般固体废物和危险废物实施产生、贮存、转移、处置全过程监管，危险废物综合利用或无害化处置率达100%。一般固体废物和危险废物处理后的循环应用广泛，涉及新墙体材料制造、原油加工及石油制品制造、新型建筑材料制造等行业。

152 小微企业危险废物的精细化管理有哪些典型经验做法？

答：为破解小微量危险废物产废单位收集转运困难、委托处置利用成本高、小微产废单位危险废物平台申报率低、区域危险废物环境监管能力不足等问题，“无废城市”建设试点城市探索形成了一批可复制、可推广的经验，有效规范了小微量危险废物工业源和生活源产生行业收集、转运、处置行为，切实降低了产废企业危险废物转运、利用及处置成本。

（一）重庆市

重庆市为实现危险废物小微收集，采取了五点做法：

一是改革创新，探索综合收集贮存制度。将小微企业及非工业源危险废物收集网络建设纳入《重庆市危险废物集中处置设施建设布局规划（2018—2022年）》《重庆市“无废城市”建设试点实施方案》，设立危险废物集中收集贮存场所，为小微企业和非工业源危险废物产生单位的危险废物提供收集及贮存服务，最后再统一将收集的危险废物分类移交至持有相应危险废物经营许可证的单位进行利用处置。

二是重庆市统一明确收集范围为年产废量10 t及以下的小微工业企业和各类社会源，限定19个大类、92个小类危险废物，且总规模不大于5 000 t。同时明确提出收集单入园区、贮存面积不低于1 000 m^2、铺设高密度聚乙烯HDPE防渗膜和废处理设施等硬件要求，并鼓励工业园区建设综合收集贮存设施。截至2020年年底，综合收集贮存已在34个区县落地，基本实现危险废物综合收集贮存市域全覆盖。

三是通过规范管理，将试点单位纳入精细化管理范畴，督促指导试点单位建立完善的环境管理制度，明确收集对象和收集范围，规范危险废物包装和运输，与终端利用处置单位建立对接协调机制，实现转移处置全过程追踪，提升危险废物精细化管理水平，压实试点单位主体责任。定期组织对试点单位的审查评估，并纳入“双随机”执法检查、规范化环境管理督查考核和企业社会信用评价，发现问题立行立改。对不按要求开展收集服务的单位，明确处理原则，规范危险废物收集、贮存服务。

四是服务企业，着力解决小微源处置难题。针对小微源危险废物管理能力薄弱问题，试点单位既提供及时的收运、转移、处置服务，又提供法律政策宣贯、危险废物类别识别、规范包装等管理服务，提高小微企业的环境保护意识和管理水平。

五是政企协同，切实保障应急贮存能力。将试点单位作为危险废物环境违法犯罪案件查处的危险废物应急暂存去向，“无废城市”试点期间协助办理案件20多件，应急暂存危险废物近200 t，有力保障了执法查处的危险废物稳定去向。

重庆市小微源危险废物综合收集贮存试点制度施行后，取得了明显成效。一方面，纳入管理的小微源企业数量大幅提升，覆盖行业增加至公共管理交通、教育、农林畜牧、金融等20个；另一方面，有效缓解了非工业源危险废物收集难、贮存难、转移难等问题，缩短了危险废物产生单位危险废物周转周期，缓和了处置要求与处置价格之间的矛盾，降低了处置成本。此外，通过施行试点制度，既有助于小微企业增强危险废物规范管理能力，提升环境保护意识、法律意识，又实现了小微源危险废物相对集中收运、转移和利用处置，提升危险废物精细化管理水平，有效防范了环境风险。

（二）绍兴市

绍兴市在试点期间探索形成了“源头减量—全量收运—规范利用处置”的危险废物精细化管理模式。重点创新了工业废盐、废酸等特定类别危险废物资源化产品“点对点”定向利用制度、园区整体智慧管理系统、危险化学品全过程监管和小微企业危险废物“代收代运＋直营车”收集管理制度等一套危险废物管理的“组合拳”，明显提升了区域环境风险的防控水平。

1. 通过绿色工厂建设和工艺技术创新减少危险废物处置量

以工业原料全量利用为目标，实现危险废物减量化和资源化，创新性地出台《绍兴市绿色制造体系评价办法》，提出“无废工厂”理念，制定《绍兴市“无废工厂”评价标准》，细化了危险废物资源化、无害化等要求。通过推行分散染料行业清洁生产技术改造、混杂废盐综合治理资源化改造、医药化工行业提升原子利用率改造和水煤浆气化及高温熔融协同处置技术等一批创新应用工作，不仅实现了危险废物的减量化，还为企业带来了经济效益。

龙盛集团投资 6.3 亿元，改造原酸性废水工艺使其接近“零排放”，单位产品废水产生量下降 95%，废渣产生量下降 96%，减少排放硫酸钙废渣 14.4 万 t/a，回收副产硫酸铵产品 7 万 t/a，获得直接经济效益 3 亿元 /a；开发高盐发水综合治理技术，按照该集团废水排放量 6 000 t/d、平均含盐量 2% 计算，每年可减少混杂废盐产生量 2 万 t，获得直接经济效益 1.6 亿元。此外，龙盛集团与上虞众联环保有限公司合作，投资 10 亿余元建设每年 5 万 t 工业废盐和 6 万 t 废硫酸的资源化利用项目。绍兴市凤登环保有限公司开发水煤浆气化及高温熔融协同处置技术，以工业有机固体废物、废液等作为原料替代煤和水，年节约标煤约 25 000 t，节水约 31 000 t。2019 年资源化生产合格的高纯氢气 1 181.16 万 m^3、工业碳酸氢铵 5.4 万 t、氨水 6.16 万 t、液氨 1.86 万 t、甲醇 0.32 万 t、蒸汽 4.9 万蒸吨，充分利用了有机类废物中的碳、氢元素，实现了危险废物的高附加值资源化利用，极大减轻了末端处置压力。

2. 建立“代收代运 + 直营车”模式

为解决小微产废企业危险废物收集转运不及时、处置出路不通畅问题，创新小微量危险废物集中收集体系，建立小微企业及社会源危险废物统一收集服务试点。印发《绍兴市小微企业危险废物收运管理办法（试行）》，通过经营单位在各地设点收集、园区统一建设贮存设施、各地政府统筹规划统一服务等方式，构建“代收代运”和“直营车”两种模式，推动危险废物小微企业收运全覆盖。“代收代运”模式是指以区县为主体，遵循“政府引导、市场主导、企业受益、多方共赢”的原则，由属地政府制定相关操作规程，明确收运主体、收集范围及对象、收集许可、贮存设施、转运过程、延伸服务等要求，全力推动收运经营活动的规范化。该模式适用于地区经济较发达、行业集中度较高、民间资本参与积极的地区。试点期间，该小微企业危险废物收集模式在绍兴市的诸暨市、嵊州市、新昌县得到了大范围应用，已实现乡镇收运全覆盖，合计为企业节省危险废物处置成本100余万元。

“直营车”模式是指由危险废物经营单位直接集中签约，服务指导，定时、定点、定线上门收运的小微企业危险废物收运处置“直营”模式，具体按照“申报＋评审”“签约＋指导”“平台＋微信”“转移联单＋GPS监控”“抽查＋考核”的“五步法”开展。该模式实现了小微企业危险废物收运处置一体化、服务运营网格化、监督管理信息化，提高了收运处置效率，降低了企业处置成本，避免了二次转运风险，增强了环境污染风险防控能力，较适合在工业园区集中且具备较强危险废物利用处置能力的地区推广应用。目前，该小微企业危险废物收运模式在绍兴市上虞区应用较为成熟，已实现乡镇全覆盖，合计年清运危险废物300余次，处置危险废物1 800余t。

在“代收代运＋直营车”模式的实际运行过程中，生态环境部门加强监管执法和指导，进一步提高体系运行的规范化程度。一方面委托第三方单位开展涉危企业现场监管核查，印发4.2万份《关于加强小微企业危险废物规范化管理的告知书》，通过乡镇、园区发给所有工业企业实现人手一份；每年组织乡镇、园区和重点企业人员开展固体废物知识培训和警示教育，深入推进涉固体废物案件环境损害磋商赔偿和公益诉讼工作，探索推广环境污染强制责任保险，进一步压实危险废物产生者责任制，切实防范环境风险。

3. 构建“点对点”定向利用模式

该模式多措并举，探索拓宽了特定类别危险废物的利用处置途径。该模式明确四个“特定”：首先是特定种类，仅工业废酸、废盐等特定种类危险废物可进行“点对点”利用；其次是特定环节，仅在利用环节进行豁免，其他环节仍严格按照危险废物管理；再次是特定企业，仅可在试点名单范围内的危险废物产生单位和资源化利用单位之间定向利用，每条“点对点”通道均需通过技术和管理实施方案的专家论证，明确入场接收标准、污染防治要求、再生产品质量标准和使用范围，切实防范环境隐患，并在属地生态环境部门进行审批或备案，严格执行建设项目环境保护“三同时”制度；最后是特定用途，特定危险废物定向利用再生产品的使用过程应当符合国家规定的用途、标准，严禁进入食品、药品领域，鼓励制定再生产品的地方标准或行业标准。

在具体实操过程中，对纳入特定危险废物“点对点”定向利用试点的单位，可实行危险废物经营许可豁免政策，但需要按照危险废物经营许可证持证单位的管理要求，建立和完善各项内部管理制度；通过制定特定危险废物定向利用循环经济激励政策，对工业废酸、废盐等特定危险废物的定向利用设施予以定向补贴，鼓励定向利用单位开展技术创新和应用；“点对点”利用途径需要严格管理，强化利用全过程的安全保障。对于产生单位，应做好工业废酸、废盐等特定危险废物的源头品质管理，执行工业废酸、废盐出厂月度抽检制度，委托拥有国家 CMA 和 CNAS 资质的第三方检测机构出具检测报告，确保达到接收单位的再利用标准；对于收集使用单位，其入厂接收的工业废酸、废盐等特定危险废物贮存设施应符合《危险废物贮存污染控制标准》（GB 18597），不得采用地下或半地下式储池，应设置工业废酸、废盐等特定危险废物定向利用过程产生的次生危险废物专用贮存区，对次生危险废物的产生、贮存、处置量及去向应进行详细记录，记录数据至少保存 10 年。

为更好地实施“点对点”利用，绍兴市从制度和市场入手，形成了一套较为完善的管理体系，从制度方面配套出台了《危险废物分级管理制度》《绍兴市特定类别危险废物定向“点对点”利用试点工作制度》《绍兴市工业固体废物综合利用产品监管办法》等 10 余项危险废物管理制度。利用绍兴市“无废城市”建设试点本地专家团队，联合多家单位，制定了团体标准《基于工业废盐的印染专用再生利用氯化钠》和环境管理指南，并培育出 3 家企业推进工业废盐资源化利用项目。

截至 2020 年年底，绍兴市具有省级发证的危险废物经营单位共 32 家，核准经营规模近 31 万 t/a，其中综合利用能力近 68 万 t/a，较试点前分别提升约 8 万 t/a 和 16.3 万 t/a，全市危险废物无害化利用处置率达 99% 以上，危险废物综合利用率由试点前的 25% 增加到 30%，危险废物已实现产生利用处置基本匹配。各县（区、市）均建立了小微企业危险废物收运体系，覆盖率达 100%。通过危险废物精细化的管理工作，绍兴市全市 5 700 多家危险废物产生处置单位目前已纳入信息化平台，基本实现动态全覆盖和危险废物高效率、低成本、全过程、闭环式监管。试点期间，越城区、上虞区确定了 14 家危险废物产生和利用单位的“点对点”定向利用，大幅降低了潜在的环境风险，实现了生态效益和经济效益的双提升，带动企业增加再利用技术的研发投入，实现良性循环。而废盐的定向利用，减少了对刚性填埋场的需求，节约了填埋库容，降低了建设成本。

（三）北京经济技术开发区

为提升危险废物资源化利用水平，实现危险废物精细化环境管理，北京经济技术开发区提出了危险废物“管家式”服务模式。该模式以服务企业、减轻企业运营负担为出发点，创新危险废物管理制度，引导企业自行或者委托有资质的第三方企业进行驻场服务，针对企业危险废物产生特点，个性化地设定危险废物管理要求和利用方法，从而最大限度地提升危险废物资源化综合利用水平。危险废物管理“管家式”服务模式的制定基于健全危险废物管理依据的制度创新，从豁免管理、企业分级管理两个方面健全危险废物管理依据。

同时，将严格监管与改善营商环境相结合，确保危险废物的管理安全。危险废物豁免管理以企业备案承诺为基础，对 4 类处置程序进行豁免管理，具体流程是：①产废企业将危险废物运送至危险废物暂存间；②检查危险废物是否相符、是否密封包装、是否粘贴标签；③分类贮存危险废物；④确认联单相符后，转运危险废物。企业分级管理则按照上一年危险废物产生量将产生企业分为小量产生者、中量产生者、大量产生者三个类别，为不同类型企业设置不同管理标准。基于此，北京经济技术开发区提出了面向园区的“管家式”服务模式和面向企业的“管家式”服务模式。

1. 面向园区的“管家式”服务

以生物医药类研发机构和小微生产企业聚集的北京亦庄生物医药园作为园区“管家式”服务模式的试点，积极引入危险废物处置第三方驻场服务模式，解决生物医药园园区内小微企业危险废物收运困难等问题。制定《北京经济技术开发区危险废物集中收运试点园区管理方案》，在试点园区范围内可由园区管理部门或其委托的第三方收集、贮存试点园区内的危险废物。结合园区企业产废特点，生物医药园有针对性地制定了危险废物收集、贮存、转运工作办法，聘请第三方机构提供驻场服务，明晰了各方责任。生物医药园配套建设 100 m^2 危险废物暂存间，严格按照危险废物的管理要求设置包括固态废物、液态废物、医疗废物等废物和相关物品的独立储存空间，并配置货架、冰箱，以及人脸识别、远程视频监控、危险气体报警设备。目前已形成暂存库房贮存能力 60 t/a，可暂存 18 大类危险废物。危险废物收集单位开展驻场服务，根据园区企业产废特点，有针对性地制定了危险废物集中收运工作模式，确保交接流程清晰、危险废物记录准确、分区分类存放、定时定期巡查，切实解决了小微企业危险废物无处贮存、转运周期长、费用高的难题。

2. 面向企业的“管家式”服务

随着园区“管家式”服务模式的有效运营，北京经济技术开发区向辖区重点企业推广面向企业的“管家式”服务模式，推进辖区危险废物管理水平全面提升。中芯国际集成电路制造有限公司年产生危险废物约 3 000 t，其中产生量最大的为废酸（HW34），其他危险废物包括废有机溶剂（HW06）、表面处理废物（HW17）、含铜废物（HW22）、含砷废物（HW24）、其他废物（HW49）和废树脂（HW13），废水废液处理的运输处置成本较高，如监管不当存在跨省转移风险。中芯国际与广津金源（北京）科技有限公司签订协议，在中芯国际厂区内投资建设规划产能约为2 000 t/a的铜回收和硫酸处置项目，开展危险废物驻厂自利用处置。项目基于酸碱中和、沉淀结晶、浓缩提纯等化工原理，通过向废液中添加钙盐浆液，将高硫酸根的废液转化硫酸钙和氟化钙结晶沉淀，通过过滤分离、脱水干燥，最终产出满足建筑石膏标准的硫酸钙产品。为保证硫酸钙的产品质量及水资源的最大回收利用，对过滤残液进行离子净化除杂，去除对产品质量有影响的重金属、砷和过量的有机物。项目电解出的纯铜（纯度99.98%）、石膏均可销往河北等地区，取得了明显的经济效益。

北京经济技术开发区的危险废物“管家式”服务模式创新有效降低了园区和企业的危险废物管理成本，降低了危险废物贮存的环境风险，有效解决了小微企业危险废物收运成本较高、收运不及时、处置不规范的问题，一定程度上缓解了小批量危险废物转运周期过长和处置价格过高等关键市场矛盾，提高了危险废物处置的资源化和无害化水平。

153 农药包装废弃物回收利用的典型案例和做法有哪些？

答：农药包装废弃物回收、贮存和处置涉及生产企业、销售商、使用者等多个环节主体，涉及生态环境、农业、林业、供销等多个部门，部门职能交叉、职责不清，监管缺位的情况较为突出。农药包装废弃物产生的场所多为田间地头，废弃物品种类和数量多、产生点位随机分散，回收成本高、难度大。农药生产企业、经销商主动履行回收处理义务的积极性不高，监管部门尚未出台相应强制措施，生产者责任延伸制度难以建立。为探索破解上述问题，“无废城市”建设试点城市探索开展了农药包装废弃物回收利用的不同模式，下面以杭州市为例进行说明。

余杭区：统一回收价格标准，分档进行回收。政府部门提供专项资金，依托现存的农资代售网点，从2009年开始，以“有偿补贴”方式在全区设立165个回收点回收农药包装废弃物。此外，余杭区制定了《余杭区农业废弃物利用处理和面源污染治理工作实施方案》，从2011年起，每年投入300万元作为回收农药包装废弃物的补贴，统一回收价格标准、分档进行回收。同时，本地专业合作社等和各镇街签署委托回收协议，在各自辖区内开展农药包装废弃物回收处置工作。针对不同规格的农药包装瓶给予不同的回收价格：300 mL以上的1元/个、101～30 mL的0.5元/个、100 mL以下的0.2元/个、大于等于50 g的0.2元/个，低于50 g的0.1元/个。2011年全年回收各类废弃农药瓶201.21万个，废弃农药包装袋658.11万个，各类农药包装废弃物的回收率超过80%，回收的农药包装废弃物无害化处理效率达100%。

萧山区：政府提供基础设施。萧山供销联社会同区农业局在江东生态循环农业示范区2万亩核心区块内试点开展农药包装废弃物回收处置工作，由萧山区农业局领导，区供销社农资公司具体实施，将试点范围内的6家供销农资连锁配送店和25家农业企业作为回收点，并与回收点签订《农业投入品包装废弃物捡拾回收承诺书》，保证各相关回收主体责任到位。根据江东生态循环农业示范区生产特点，首先要求专人负责农药包装废弃物的包干捡拾和初拣分类，并把它们放入指定的回收桶内；然后由萧山供销社农资公司定期派运输车辆到各回收点统一上门回收；最后对回收的农药包装废弃物进行保管、统一转运、集中处理。同时，萧山财政拨出专项资金对运输车辆、回收桶购置、建设保管仓库、集中处理费用等给予补助，预计每年投入120万元。

海盐县：充分利用供销网络调动农户积极性。海盐县114家农药包装废弃物回收站正式挂牌开放，且各大供应（回收）网点统一配置电脑收款一体机、扫描仪等信息化设备，已经具备对所有农药包装物回收备案记录、零差价农药、月报表、进销台账、分户购买回收等建立资料数据库的能力。农户投售的农药瓶要基本清洗干净，而且要在农药瓶上附上瓶盖，单个农药瓶回收价格在0.1～0.5元，其中200 mL以下的农药瓶回收价为0.3元/个、200 mL（含）以上的为0.5元/个或50 g（含）以上的为0.2元/个、50 g以下的为0.1元/个。

淳安县：签订协议，确保农药包装废弃物正常回收。2014年，淳安县在对全县189家农资销售网点进行调查的基础上，设置了135个农药包装废弃物回收网点统一购置回收农药废弃物存放箱。政府同回收网点签订协议，督促他们按协议要求回收，确保当年的农药包装废弃物回收率超过90%，而各回收网点利用配送农药的机会，以10个农药包装袋换一包抽纸、

15个换一块肥皂的方式回收农药包装废弃物，最后将回收的农药包装废弃物集中运送到专业处理机构进行处理。

154 建筑垃圾治理的典型模式和做法有哪些？

答： 建筑垃圾产生量巨大且增长迅速、利用处置能力严重不足、监管管理体系不健全是当前普遍存在的突出固体废物治理难题。“无废城市”建设试点期间，许昌市、深圳市等探索了建筑垃圾的治理模式。

（一）许昌市

1. 政府主导、健全制度，提供坚强保障

推动立法，制定地方性建筑垃圾管理条例。为构筑建筑垃圾管理和资源化利用的长效机制，许昌市积极推动《许昌市城市建筑垃圾管理条例》的立法工作，走在了全国前列。通过对源头减量、收运处置、综合利用、监督管理、法律责任等各环节的立法，许昌市进一步完善规范了建筑垃圾管理的制度体系（“两制度、一体系”），即建筑垃圾分类处理制度、建筑垃圾全过程管理制度、建筑垃圾综合回收利用体系。

完善制度，构建建筑垃圾管理利用体系。为了充分保障建筑垃圾的有效处置，许昌市相继出台了《许昌市建筑垃圾分类处置规范（暂行）》《许昌市施工工地建筑材料建筑垃圾管理办法》《许昌市建筑垃圾管理及资源化利用实施细则》《关于提升建筑垃圾管理和资源化利用水平的实施意见》。这些管理制度的出台为建筑垃圾分类、收集、运输、处置、资源化利用各环节的综合监管提供了政策指导，为建筑垃圾的资源化利用提供了制度保障。

注重布局，编制建筑垃圾资源化利用专项规划。在建筑垃圾资源化利用的基础上，许昌市进一步把建筑垃圾管理和资源化利用纳入整体城市规划和发展布局中，高标准、高起点编制了《许昌市建筑垃圾资源化利用专项规划》等多项规划，根据各类建筑垃圾特点和资源化利用范围，提出了“区域统筹、合理布局、分类管控、环保防治，智慧监管、利用优先”的规划思路，着力构建布局合理、管理规范、技术先进的建筑垃圾资源化利用体系。主要包括高标准规划建设建筑垃圾资源化利用、生活垃圾发电等一体化循环经济产业园，在政府投资或主目、保障性住房项目以及20万 m^2 以上新建非政府投资的项目全面推广实施装配式建筑（禹州市已成功创建为全省装配式建筑示范县城），规划利用弃土类建筑垃圾建设城市山地公园等。为保证规划顺利实施，许昌市还在组织管理税收、投资政策扶持等方面出台了相应的保障措施。

2. 市场运作、特许经营，促进产业规模化发展

特许经营，激发企业动能。在国内率先实施特许经营，开创了“政府主导、市场运作、特许经营、循环利用”的管理模式。政府搭建政策平台，能在不出资的情况下办成车、办好事，根治建筑垃圾问题，有效节约政府资金；对市场而言，该模式能够充分发挥企业主体优势，激活社会资本和技术，激发创新创业活力；对社会而言，该模式形成了政企合作、相互支持的良性循环，有效改善了城市环境。经过公开招标，许昌金科资源再生股份有限公司获得许昌市建筑垃圾的独家经营处置权，全面负责许昌市建筑垃圾的清运、无害化处理，开辟了河南省首家对建筑垃圾处理实施特许经营的先例，经济效益和社会效益十分显著。该模式有效解决了许昌市建筑垃圾私拉乱运、围城堆放、污染环境等问题，大大改善了市容和人居环境。同时，建筑垃圾再生产品的使用大大减少了财政资金投入，近 5 年，通过利用建筑垃圾减少开采砂石近 1 500 万 m^3，减少运输费用 10 亿元，减少油耗 3 000 万 L，节约资金 2.4 亿元，少报废两车道二级公路 20 km，减少公路投资 1 亿元。此外，全市城市水系岸坡、两侧人行步道已全部采用透水铺装，市区透水步砖铺装比例已达 40% 以上，增强了雨水吸纳、蓄渗功能，有力推进了海绵城市建设。

龙头带动，延伸产业链条。金科公司作为特许经营企业，目前建设了再生骨料生产线、再生砖 / 砌块生产线、再生墙材生产线等 7 条国内一流生产线，以及 2 条移动式破碎筛分生产线，生产出再生骨料、再生透水砖、再生墙体材料、再生水工产品等八大类 50 多种再生产品，广泛应用于许昌市城市道路、公园、广场等市政基础设施工程，形成完整的“建筑垃圾回收—加工—再生建筑产品”的资源化利用链条。围绕再生集料在道路工程建设的使用，河南万里交通科技集团股份有限公司进一步延伸建筑垃圾的产业链条，一方面，由其子公司许昌德通振动搅拌技术有限公司提供建筑垃圾环保设备；另一方面，由万里交科应用金科公司的再生集料产品从事道路工程建设。此外许昌市引进山美环保装备公司落户许昌节能环保装备及服务产业园，生产建筑垃圾资源化再生利用成套设备等环保设备，进一步促进了建筑垃圾固体废物产业链条向前端延伸，拓展形成了集固体废物收集、清运、利用、处置等全链条统筹衔接的循环经济链条。

3. 科技领航、创新驱动，强化技术支撑

制定应用技术新标准。推动许昌市建筑垃圾资源化产品在本地市政工程中应用，实现建筑垃圾的高水平资源转化，许昌市研究出台并发布实施了许昌市首个地方标准——《建筑垃圾再生集料道路基层应用技术规范》（DB4110/T 6—2020）。该规范不仅为建筑固体废物产品在城市道路建设中提供了设计、施工和验收依据，而且首次提出将建筑垃圾再生集料应用于城市道路的基层铺设，为其推广应用提供了技术支撑和标准依据。路用建筑垃圾地方标准的出台，标志着建筑垃圾在许昌市公路工程领域的应用走上了标准化、规范化、可持续的道路。

研发砖渣利用新技术。许昌市主导研发形成的“建筑垃圾资源化利用产业关键技术”已入选《节能减排与低碳技术成果转化推广清单（第二批）》，并在全国范围内进行推广，此技术可利用建筑垃圾生产八大类100多种再生产品。

开发弃土应用新方式。金科公司利用弃土类建筑垃圾、农作物秸秆、造纸厂泥浆等固体废物生产烧结自保温砌块及装配式建筑，结合许昌不同区域土样的特点，开展了高精度、高强度、高保温生态烧结砌块的配方和绿色生产工艺及生态烧结砌块结构的抗震性能研究，初步建立了基于烧结性能的弃土类固体废物资源化数据库，形成了成套关键技术体系。万里交科采用独创的振动拌设备形成土颗粒的液化，与特制的岩土固化剂形成连续性颗粒级配，通过固化剂对渣土的表面改性技术，制备出可泵送的、大流动性的振动液化加固材料，成功开发了模块式碾压固化土连续振动搅拌成套设备。该技术已在湖南长株高速路基改扩建项目、许昌宏腾大道管网回填项目、河北正定管网回填项目中成功应用。

创建产学研合作新平台。许昌市注重建筑垃圾资源化利用行业整体技术水平的提升，与德国布伦瑞克工业大学、德国弗劳恩霍夫研究所、北京建筑大学、同济大学、郑州大学、湖南大学等国内外科研院所长期开展产学研合作，建有业内首个全国循环经济技术中心、全国首个弃土烧结全系统实验室、河南省建筑垃圾再生利用工程技术研究中心、河南省振动搅拌工程技术研究中心和许昌市建筑垃圾再生利用重点实验室。同时，经国家知识产权局专利审查协作河南中心授权，金科公司正式挂牌了审查员流动工作站，为技术研发工作的开展提供了坚实的平台支撑。

4. 源头控制、过程监管，提供坚强保障

突出源头治理。将建筑垃圾按照工程渣土、拆除垃圾、装修垃圾三大类实施分类，并对各类建筑垃圾的收运及消纳处置进行了明确规定。政府按照统一审批、统一收费、统一清运、统一利用的“四统一”管理原则，对建筑垃圾产生量和处置量进行严格核准，建筑垃圾产生单位提前办理运输和处置许可证，并按照核准量缴纳处理费用，特许经营企业负责统一运输和处理。

加强运输监管。结合环境污染防治工作，对施工工地进行严格管理，对运输车辆进行动态监管，定期进行审查验收，合格的发放许昌市建筑垃圾清运车辆准运证，进行备案：不合格的督促其进行整改。同时，督促特许经营企业加大投资力度，积极购置先进运输设备，升级改造陈旧运输设备，先后投资 2 800 多万元，购置 60 台绿色环保全封闭式建筑垃圾运输车辆。

建立巡查制度。许昌市建筑垃圾管理办公室实行 24 h 巡查值班制度，坚持普遍巡查与重点监管相结合、数字化信息采集与群众举报相结合，加大巡查频次，持续开展夜间渣土车和清运工地整治，对重点区域实行严格监控，依法严查建筑垃圾运输车辆违规清运、私拉乱运、超高超载、抛撒污染等违法行为，有效规范了建筑垃圾清运秩序。

实行全天候智慧监管。智慧监管以渣土车监管为目标，以“车辆定位＋物联网传感器”技术解决渣土车运输资质审批、抛撒滴漏、盲区事故多发、乱跑乱卸、超载超速、驾驶员身份验证等各种问题，通过具有渣土排放消纳核准功能、渣土车辆运行轨迹管理功能、渣土清运工地视频源头监控功能、在线渣土车辆违规报警功能、案件查处反馈通报功能、信息上报功能的建筑垃圾监控平台，实现对渣土业务从工地、运输过程到消纳场的闭环管控，形成渣土大数据；通过与市数字化城管平台、特许经营企业内部监控平台进行联网运行，实现了建筑垃圾收集、清运、利用、处置等全链条统筹衔接、智能化运行的闭环，真正实现“每吨建筑垃圾的处理去向有迹可查”。

（二）深圳市

长期以来深圳市土地资源紧缺、邻避问题突出，建筑垃圾处置设施规划建设落地难、建成投产难，本地处置能力严重不足，异地处置依赖性强。为破解建筑垃圾处置困局，深圳市通过完善政策法规、推动源头减量、发展综合利用、加快设施建设、强化全过程管理等一系列行之有效的举措，推动深圳市建筑垃圾处置工作，形成了深圳市建筑垃圾“源头

减排 + 资源化利用 + 多渠道处置 + 全过程智慧监管”模式。

1. 完善政策法规，健全管理体系

以政府规章形式颁布《深圳市建筑废弃物管理办法》（深圳市人民政府令 第330号），于2020年7月1日起正式施行，确立了建筑垃圾排放核准运输备案、消纳备案、电子联单管理和信用管理、综合利用产品认定、综合利用激励等制度，实现建筑垃圾处置全过程监管，推进建筑垃圾处置减量化、资源化、无害化。同步配套编制《受纳场建设运营管理办法》《综合利用企业监督管理办法》《综合利用产品认定办法》等多项规范性文件，加快构建和完善建筑垃圾管理“1+N”政策体系。先后颁布《深圳市建筑废弃物再生产品应用工程技术规程》《建设工程建筑废弃物排放限额标准》《建设工程建筑废弃物减排与综合利用技术标准》等7项地方技术标准规范，积极打通再生产品市场化应用壁垒。梳理建筑垃圾管理规范框架体系，共涉及138项，待制定37项。

2. 实施绿色设计，推动源头减排

全市新开工装配式建筑面积为1 288.49万m^2，占新开工总面积的占比达38%，孵化培育了13个国家级装配式建筑产业基地。新增绿色建筑面积1 556.8万m^2，新建民用建筑绿色建筑达标率为100%。新增53个绿色施工示范工程，在建建设工程100%使用预拌混凝土、预拌砂浆，减少了工地建筑垃圾排放量。

3. 发展综合利用，提高资源化水平

创新实施房屋拆除与综合利用一体化管理，累计完成606个房屋拆除工程建筑垃圾减排与利用项目，拆除废弃物综合利用量 2 213 万 t，综合利用率为 97%。探索开展渣土综合利用试点工作，第一家高标准“花园式”综合利用厂投入运营，设计处理能力约为 33 万 m^3/a，大铲湾三期工程渣综合利用设施 5 条生产线已投入运营，设计处理能力约为 650 万 m^3/a。开展工程泥浆施工现场处理试点，在地铁四期建设工程中建设盾构渣土泥水分离和无害化处理设施 39 台（套），盾构渣土设计处理能力超 1 万 m^3/d。科学布局建筑垃圾综合利用设施，共建成固定式综合利用设施 24 个，年设计处理能力已达到 3 405 万 t。建筑垃圾本地资源化利用率达 13%，初步实现建筑垃圾综合利用产业化、规模化发展，大大减少了建筑垃圾简单堆填对土地的占用。

4. 推动智慧监管，加强过程管理

深圳市建筑垃圾智慧监管系统在全市建筑、市政、交通、水务、园林等建设工程中推广应用，覆盖 2 344 个建设工地、14 464 台泥头车、337 处处置场所（含受纳场、综合利用厂、工程回填等），日均产生联单 30 000 余条，实现建筑垃圾排放、运输和处置“两点一线”全过程实时监控和电子联单管理。持续开展排放管理专项整治，2020 年对建设工程工地进行监督检查 6 615 家次，责令整改 1 328 家、处罚 31 家，电子联单平均签认率超过 95%。

第八部分

“无废城市”建设展望

155 开展“无废城市”建设应当具备怎样的基础条件？

答：“无废城市”建设覆盖固体废物类型多、分布范围广、涉及政府行政管理部门多，要想取得实实在在的建设成果，首先必须从方案设计阶段开始凝聚建设共识，行政领导部门必须提高重视程度和统筹协作能力。其次，“无废城市”建设需要一定的制度基础、组织基础、资金基础、市场基础、产业基础、硬件基础、群众基础、文化基础。当然，现实已有基础是一方面，基础水平的提高也必然是贯穿于整个建设过程的。“无废城市”是一种先进的城市治理理念，因此，“无废城市”的建设永远在路上，基础强弱并不会形成开展“无废城市”建设的门槛；即便基础再好，“无废城市”建设也总会有提高的空间、努力的方向。

156 国家梯次推开“无废城市”建设的计划是什么？

答：“无废城市”建设是一个长期过程，国家将重点开展三方面的工作：一是加强对试点城市建设过程的总结梳理，形成一批可复制、可推广的技术模式和经验；二是在“十四五”期间逐步在全国推开“无废城市”建设，为美丽中国建设和碳达峰、碳中和战略实施提供重要支撑；三是培育“无废”文化，包括抓好公众教育、鼓励公众参与，促进社会各界形成“无废”建设共识。

当前，城市的固体废物综合管理水平、社会各界对“无废”城市建设的认识程度存在较大差异是不可否认的客观事实。每个城市综合考虑自身发展阶段、固体废物治理需求的紧迫性、治理能力等，合理选择开展“无废城市”建设的时间点和目标值，是“无废城市”建设梯次推开的科学选择，也是必然选择。

对全国334个地级市，根据已有工作基础和意愿，分批次推进“无废城市”建设，在“11+5”试点城市的基础上，从“十四五”开始，每个五年计划组织各省（区、市）启动100个以上的“无废城市”建设，预计到“十六五”末，即2035年，全国所有城市均至少开展了五年的“无废城市”建设，绝大部分城市的固体废物综合管理水平有明显提高。

157 “无废城市”建设的远景目标是什么？

答：“无废城市”建设可被视为城市发展中一种更为经济、环保的方案，它要求尽量多地采用废弃材料和可再生能源，并将固体废物环境影响降至最低，实现资源能源节约。“无废城市”建设是实现城市可持续发展的重要途径。“无废城市”建设以创新、协调、绿色、开放、共享的新发展理念为引领，强调的是废物的减量化和循环化利用，推行的是可持续的消费与生产观念。作为一种新型的城市发展模式，“无废城市”建设将有力助推全球废物管理和可持续发展。

国际社会已就“无废城市”理念及其重要性达成共识。经过多年的发展与实践，“无废”的管理理念已逐步完善。在面临严峻废物管理挑战的当下，各国已陆续在国家、地区等层面开展了“无废”管理实践。在第四届联合国环境大会上，国际社会对在国家或地区层面采取的“无废”的创新管理举措给予了大力肯定与赞赏。

我国“无废城市”建设试点将借生态文明体制改革和碳达峰、碳中和之势，探索解决我国固体废物管理的难题，为城市谋划更长远的发展路径，推动绿色低碳发展。我国“无废城市”建设计划旨在建立形成一批可复制、可推广的“无废城市”建设示范模式，为下一步推动建设“无废社会”奠定良好基础。我国“无废城市”建设计划将为其他国家开展废物管理提供具有实际借鉴意义的废物管理模式。我国“无废城市”建设试点将在创新废物管理解决方案、技术和地方各界参与等方面，为全球健全固体废物管理贡献中国经验。

158 “无废城市”建设与碳达峰、碳中和战略实施的关系是什么？

答： 固体废物一端连着减污，另一端连着降碳，各种生产和生活活动是产生各类固体废物和温室气体的共同根源，二者具有高度一致性。因此，“无废城市”建设对碳达峰、碳中和战略的实施必然会起到重要作用。

在总体目标上，二者均以追求“人与自然和谐共生的现代化 ”为最高目标，绿色低碳发展是主要实现路径，末端处置是重要保障。在具体目标上，二者既存在高度的一致性，也存在一定的差异性。

在管理对象上，二者在材料使用及其废弃物管理方面高度一致。例如水泥、钢铁、塑料、铝材，这些材料的生产过程物耗能耗极高，如果其使用寿命较短，必然造成巨大的资源和能源浪费，如何做好废旧资源的循环利用、废弃物的资源化利用，充分利用和延长产品的生命周期，减少产品闲置率，是减少资源开采、产品生产制造、流通存储、使用、再生、废弃全生命周期环境影响的重要方向。此处的对象既包括材料对象，也包括生命周期中的各个环节。

在发展模式上，“无废城市”从本质上推动大量生产、大量消费的生产生活方式转向更加节约高效的绿色低碳发展模式，推动社会经济系统内部资源的循环，减少对自然界的需求和负面影响。在这个过程中，物质“从摇篮到坟墓”的线性代谢方式转变成为“从摇篮到摇篮”的循环代谢方式，社会经济和自然环境的物质双循环模式将逐步转变成为社会经济系统的物质内循环，人类对外部的需求主要体现在对于能源消耗的需求，其逐步脱离化石能源，进而形成以可再生能源为驱动、以可再生资源为载体的文明模式，这一模式也正是碳达峰、碳中和力图实现的低碳发展模式。

在实现路径上，碳达峰、碳中和目标的实现路径不仅有对传统、存量的社会经济发展模式和资源能源消耗模式的转变，也包括未来能源革命、产业革命带来的新业态。“无废城市”建设在社会经济系统的“减物质化”和促进循环利用方面可推动碳达峰、碳中和目标实现，但在风险防控方面则以能源消耗和温室气体的排放为主，特别是有机固体废物的焚烧、发酵等处理，无机固体废物的加热、加工都有可能会产生明显的直接碳排放，也有可能会增加能源消耗产生相当量的间接碳排放。

在组织方式上，二者具有较高的一致性，“无废城市”

需要诸多政府组成部门、市场、公众的广泛和深度参与，碳达峰、碳中和战略的实施则更是如此，应对气候变化需要一场广泛而深刻的社会变革，涉及社会经济的方方面面，各行各业的发展都需要能源，都会产生碳排放，因此，气候变化应对工作必然需要极高的统筹协调和贯彻执行能力。

综上可知，“无废城市”建设可在很大程度上促进碳达峰、碳中和战略的实施，同时，碳达峰、碳中和战略的实施必然可以加快“无废城市”的建设步伐。

159 “无废城市”建设促进碳达峰、碳中和战略实施的主要路径有哪些？

答：“无废城市”建设对碳达峰、碳中和战略实施发挥重要促进作用主要通过以下几个路径：

（1）源头减量促进降碳。推行产品生态设计，构建绿色供应链，从源头减量促进降碳。在钢铁、有色、化工、建材等重点行业探索完善工业生产物耗能耗和固体废物的减量化路径，全面推行清洁生产。全面推进绿色矿山、“无废”矿区建设，提升矿区碳汇能力建设和固体废物管理水平。发展生态种植、生态养殖，建立农业循环经济发展模式，促进农业固体废物综合利用。鼓励和引导农民采用增施有机肥、秸秆还田、种植绿肥等技术，持续减少化肥农药使用比例。以机关、饭店、学校、商场、快递网点（分拨中心）、景区等“无废细胞”建设为抓手，大力倡导“无废”理念，推动形成简约适度、绿色低碳、文明健康的生活方式和消费模式。坚决制止餐饮浪费行为，推广“光盘行动”，引导消费者合理消费。深入推进生活垃圾分类工作，建立完善分类投放、分类收集、分类运输、分类处理系统。推进塑料污染全链条治理，大幅减少一次性塑料制品使用，推动可降解替代产品应用。推广可循环绿色包装应用。大力发展节能低碳建筑，全面推广绿色低碳建材。落实建设单位建筑垃圾减量化的主体责任，将建筑垃圾减量化措施的费用纳入工程概算。以保障性住房、政策投资或以政府投资为主的公建项目为重点，大力发展装配式建筑，有序提高绿色建筑占新建建筑的比例。推行全装修交付，减少施工现场建筑垃圾的产生。

（2）资源化利用助力降碳。推动大宗工业固体废物在提取有价组分、生产建材、筑路、生态修复、土壤治理等领域的规模化利用。开展园区循环化改造，推动园区企业内、企业间和产业间物料闭路循环，实现固体废物循环利用。推动利用水泥窑、燃煤锅炉等协同处置固体废物。统筹农业固体废物能源化利用和农村清洁能源供应，推动农村基于畜禽粪污和秸秆等农业废弃物发展集中式或分布式的生物质能利用。加大畜禽粪污和秸秆资源化利用先进技术和新型市场模式的集成推广，推动形成长效运行机制。提升厨余垃圾资源化利用能力，着力解决堆肥、沼液、沼渣等产品应用的“梗阻”问题，加强餐厨垃圾收运处置监管。加强废弃塑料制品回收利用。鼓励建筑垃圾再生骨料及制品在建筑工程和道路工程中应用。推动在土方平衡、林业用土、环境治理、烧结制品及回填等领域大量利用处理后的建筑垃圾。

（3）再生资源回收循环。推动金属冶炼、造纸、汽车制造等龙头企业与再生资源回收加工企业合作，建设一体化废钢铁、废有色金属、废纸等绿色分拣加工配送中心和废旧动力电池回收中心，积极发展共享经济，推动二手商品交易和流通。探索推动农膜、农药包装等生产者责任延伸制度，着力构建回收体系。加快构建废旧物资循环利用体系，推进垃圾分类收运与再生资源回收“两网融合”，促进玻璃等低值可回收物回收利用。完善废旧家电回收处理管理制度和支持政策，畅通家电生产消费回收处理全产业链条。

（4）优化固体废物末端处置控制系统。提高生活垃圾焚烧能力，大幅减少生活垃圾填埋处置，加强填埋气体收集治理及发电产热利用，规范生活垃圾填埋场管理，减少甲烷等温室气体排放。

160 如何构建系统高效的城市资源循环利用体系？

答：首先，从固体废物的全生命周期入手全面推进“无废城市”系统建设。“无废城市”需要从资源代谢的全生命周期角度出发，在资源利用过程中形成绿色发展方式和生活方式，大幅减少固体废物的源头产生量。在废物回收利用过程中，构建及完善资源循环利用体系，针对不同类型废物的特点建立相应的资源化能源化利用模式，发展循环经济。在废物最终处理处置环节，提升固体废物处理无害化水平，最大限度地减少固体废物填埋量。

其次，推动城市各类主体的生产生活方式绿色低碳转型，提升城市资源循环代谢效率。在政府管理方面，要综合考虑废弃物产生、分类、收运、处置、监管等全过程的特征与需求，积极完善城市资源循环利用的处理处置系统的法律法规体系，在全社会倡导绿色生产、绿色消费的理念。在企业生产层面，组织产品设计和生产时应考虑产品废弃后的回收再利用问题，完善产品的循环、再利用链。在家庭消费层面，应倡导以减小资源、环境压力为目标的绿色消费模式，降低资源使用量，促进资源的二次利用和废弃物的分类。

最后，统筹优化城市多部门、跨介质的资源代谢过程。资源代谢过程往往涉及生产、消费、回收、废物处理等多个社会经济部门，代谢废物的处理处置过程经常伴随污染跨环境介质的迁移，引起环境管理目标的隐性转移。因此，在城市资源代谢过程的管理与优化中，一方面，要从资源代谢的全过程出发，解析各部门间的物质代谢联系与相互影响，充分考虑技术或管理措施的应用可能对多部门产生的水 - 能 - 其他资源联动效应，寻求资源、能源、环境和经济综合效应最大化的管理途径；另一方面，以区域整体环境质量改善为目标，关注治理污染过程中水 - 气 - 土环境介质污染物削减的整体性和协同性，考虑污染控制技术应用全过程中发生的污染跨介质迁移转化，服务于实现城市生态环境质量改善的系统目标，强化城市固体废物管理的环境风险防控。

161 如何形成“无废社会”共建、共治、共享的文化氛围？

答： 形成共建、共治、共享的“无废文化”氛围可从以下三个方面着手：

（1）定期开展学校和企业的宣传交流和领导干部培训，加强“无废文化”建设。一是面向学生群体，针对小学、中学、大学等不同等级教育背景的学校，从生活垃圾分类、城市生态环境建设、城市固体废物综合管理等方面，引导学生在“无废城市”创建中发挥积极作用。将“无废文化”相关的生产生活方式等内容纳入有关教育培训体系，如开展生活垃圾分类教育课等。二是面向企业群体，根据不同企业所处的行业，以生产生活绿色化转型宣传为重点，提高企业对“无废城市”建设的认识，同时加强绿色办公、绿色消费、生活垃圾分类宣传，将“无废城市”文化深入企业发展文化。三是面向政府机构，以定期组织学习、交流等方式积极推进领导干部“无废城市”建设培训，充分了解固体废物产生、利用与处置、生活垃圾分类等相关专业知识，提高对“无废城市”建设的专业性认知。通过创建“无废文化日”、绿色商场、绿色消费等活动推动无废文化建设，加强关键群体对“无废城市”的理解和支持。

（2）定期向社区、家庭开展“无废城市”建设教育，普及“无废”文化。一是提高固体废物绿色化处理建设宣传，有效化解“邻避效应”。积极宣传现代化的垃圾处理技术和工艺，逐步消除公众对垃圾处理项目的疑虑和担忧，逐步变“邻避”为“邻利”。二是加强“无废”文化宣传，提高居民对“无废城市”建设参与的热情。提升居民循环经济理念，加大固体废物环境管理宣传教育，普及生活垃圾分类及处理知识，推动生产生活方式绿色化。通过建设文化广场、社区广场等方式提高居民对“无废”文化的理解，以及对自身参与“无废城市”建设重要性的认识。三是提高生活垃圾分类宣传，推动“无废城市”全民参与。小区以家庭宣传手册、宣传单、小区居委会交流学习等方式宣传生活垃圾分类，提高垃圾分类投放的准确率和参与度。

（3）拓展信息公开通道，强化公众监督作用。一是政府建设“无废城市”环境信息发布平台或专栏，逐步建立环境公报和社会责任公报的制度，提高全市群众对“无废城市”的认知和参与程度。二是企业建设环境信息公开平台，重点发布餐厨垃圾、危险废物、建筑垃圾等各类固体废物的产生、利用与处置信息，保障公众知情权。三是构建“无废城市”意见反馈通道，充分发挥群众的参与权，广泛接受公众监督，认真听取公众反馈意见，并通过举报电话、网站、手机微信等多种途径对“无废城市”建设的环境污染问题进行监督。在企业、高校、社区等不同群体定期召开“无废城市”建设的意见反馈座谈会，听取“无废城市”创建的意见和建议，达到以人为本的惠民目的。

162 如何提升城市多源固体废物协同利用处置效能？

答：提升城市多源固体废物协同利用处置效能可从以下几方面入手：

（1）攻克固体废物资源化利用关键技术，加强政策引导及市场机制支撑产业培育。解决当前人宗固体废物以制备建材资源化利用为主、再生产品低值化严重且缺乏市场竞争力等突出问题，优先研发焚烧飞灰、农作物秸秆、医疗废物等处理处置关键技术。因地制宜加大固体废物处理处置技术和装备等效率的提升和新工艺的开发，创建“产学研政”技术创新和应用推广平台，依托高校和科研机构的科研实力和技术优势，对固体废物“产生源头—中间运输—末端处置”等开展技术研发创新和工程示范，以园区中试基地为依托，加速科技转化能力，建设推广产业示范线，促进先进适用技术转化落地。

（2）积极推广应用园区化集中协同处置模式。应围绕“园区统筹规划—系统优化设计—建设全程跟踪—运营综合调控”等四个主要环节系统推进协同处置模式，避免出现静脉产业园“见缝插针”“临阵磨枪”的建设运营方式。从技术及规模选择、项目共生匹配、物质代谢等角度提升园区固体废物处理处置设施之间的协同共生水平，解决单一处置技术存在的固有缺陷，提高项目之间物质交换及设施共享的匹配程度，提升各种资源的利用效率，减少二次污染物排放和影响。通过园区内各处置设施的合理布局，加强烟气、污水、尾渣等污染控制设施共享及管理、生活等配套设施的共享，建设循环型的绿色环保基础设施。

（3）积极探索区域性固体废物系统性解决方案。一是着眼于构建从源头分类减量到末端处理处置、设施协同共生的工程技术体系，打通源头分类—多源废物协同处置—二次污染控制的全过程技术链条，从全生命周期管理出发构建区域最佳实用技术体系。二是充分考虑城市固体废物涉及行业及产排特征的复杂性，因地制宜利用已有市政基础设施，推进工业炉窑资源利用、混合垃圾掺烧发电、有机垃圾联合厌氧消化等，积极推进多源固体废物跨产业的协同利用实践。三是借鉴纽约、旧金山等国际一流大都市区采取的“区域内流通”做法，利用周边城市土地空间优势承接核心城市的固体废物进行资源化利用。统筹考虑都市圈、城市群的固体废物产生情况，建立城市间固体废物协同处置联动机制，跨区域规划处置设施建设和管理，减少各地不同种类固体废物处置能力“超载”和“闲置”，实现固体废物处理的区域统筹、协同增效。

163 我国固体废物高值化利用方面有哪些方向可以继续努力？

答：与发达国家相比，我国的固体废物产生量大，种类极其繁杂，收集转运和处置成本较高。目前，我国固体废物大宗利用以制备建筑材料为主，该利用方式附加值较低，我国在固体废物高附加值利用方面与发达国家相比还存在一定的差距，需研发、应用、推广更先进的技术，制备高附加值的高性能产品。同时，还需要建立并完善各类固体废物资源化利用产品的价值评估体系和产品质量标准体系，增强产业界和下游用户对高附加值产品工艺水平、性能表现、环境绩效方面的综合认可度。为了实现更先进、更高水平的高值化产品加工技术，必须要开发或采购水平相当的生产加工设备等。但需要注意的是，固体废物资源化产品的高值化和利用率往往难以兼顾，因此，实际产业发展过程中需要根据原料和产品的市场供需关系协调发展各类高值化和低值化产品，不断提高固体废物的综合利用效率。

164 有哪些关键技术对未来的“无废社会”建设非常重要？

答： 根据科技部在固体废物资源化方向策划设置的重点研发计划课题可知，未来“无废社会”建设的关键技术方向包括：

（1）固体废物资源化利用基础科学问题与前瞻性技术，

包括大宗铝硅酸盐无机固体废物重构与转化利用科学基础、有机固体废物定向生物转化机制及调控原理、重点行业固体废物源头清洁工艺新技术、有机固体废物全组分清洁转化及安全利用新技术、危险废物毒害组分快速识别与检测新技术、城市固体废物大数据挖掘及全生命周期管控新技术。

（2）重污染固体废物源头减量与生态链技术，包括钢铁冶炼难处理渣尘泥过程协同控制与生态链接技术、精细化工园区磷硫氯固体废物源头减量及循环利用集成技术、废纸替代清洁生产工艺及固体废物源头减量集成技术。

（3）智能化回收与分类技术，包括社区垃圾源头智能分类与清洁收集技术及装备、城镇建筑垃圾智能精细分选与升级利用技术。

（4）有机固体废物高效转化利用及安全处置技术，包括城镇有机固体废物高值化利用技术及示范、城乡混合有机垃圾快速稳定化及资源化利用技术、污泥快速减量与资源化耦合利用技术、中药固体废物及抗生素菌渣资源化利用与无生化处置技术、废弃秸秆制备能源化学品成套技术与装备、有机固体废物高效气化及产品深度利用技术与装备、固体废物焚烧残余物稳定化无害化处理技术与装备、有机危险废物高效清洁稳定焚烧处置技术与装备。

（5）无机固体废物清洁增值利用技术，包括大宗工业固体废物协同制备低成本胶凝材料及应用技术、工业固体废物大掺量制备装配式预制构件技术、复杂铅基多金属固体废物协同冶炼技术与大型化装备、镍钴/钨/锑战略金属冶金固体废物清洁提取与无害化技术、废弃环保催化剂金属回收与载体再用技术、高浓工业危险废物资源化回收与污染控制技术、放射性固体废物清洁解控与安全处置技术。

（6）废旧复合材料精细回收与精深利用技术，包括退役磷酸铁锂电池分选与正极材料高值化利用技术、废旧智能装备机电一体化再制造升级技术、废杂塑料包装物绿色循环与高质利用技术、废铅膏短程转化与清洁再生技术、大宗金属铝/铜再生过程灰尘高效回收与污染控制技术。

（7）固体废物全过程精准管理与决策支撑技术，主要是重点行业、工业园区和城市群资源循环利用过程精准管理支撑技术与应用示范。

165 当前我国固体废物装备专业化水平和发达国家有何差距？如何追赶？

答：固体废物装备是固体废物利用处置过程的基本生产条件，决定了利用处置的技术经济可行性和效率水平。总体来看，我国固体废物产业的现状可以说是“叫好不叫座”，装备专业化水平是制约行业发展的突出短板之一。相较而言，日本、北欧和西欧非常注重可持续发展和资源及固体废物的管理，固体废物装备专业化发展较好，固体废物装备的产业化水平也较高。

目前，国内外固体废物处理装备的专业化水平差距主要体现在四个方面：第一，专业化创新发展方面，我国的创新水平不高，以模仿为主，导致固体废物装备大而全，质量不高，缺乏原创，而发达国家作为行业引领者，根据固体废物治理的需求不断创新技术和装备产品。第二，在装备的机械性能方面，如可靠性、先进性及其工艺精度方面，我国落后较为明显，这和装备制造产业基础、产业需求、政策要求都有关。第三，装备制造的产业体量较小，全产业链体系建设方面不够完善，和电子信息、汽车制造等大工业制造的敏捷供应链水平差距很大，难以形成产业良性循环的发展模式。第四，装备制造企业的规模体量偏小，研发能力不足，产业发展和科技融合的紧密度不够，高校和科研院所的基础研究成果对固体废物装备制造的产业支持力度不够，尚未形成紧密的良性互动，和发达国家差异较大。

应当重点从以下五个方面入手，从根本上解决上述问题：

第一，需要继续提高固体废物装备的专业化程度。专业化程度直接决定了设备的选型、使用和维护的专业程度，否则设备品类较多，水平参差不齐，各单位标准化程度又很低，这样选型、使用和维护都具有很强的个性化，都是各单位各自为政的状态。专业化程度到达一定程度后选型将具有普适意义，设备的使用和维护才能在同一个操作层面上。

第二，建立产学研常态化联合创新机制，加强创新知识产权保护，增强企业创新动力，形成企业创新高投入高回报的良性机制。要鼓励跨行业的横向融合协作，通过跨学科、跨专业、跨行业的联合实现优势互补、信息共享。

第三，推动粗放式向精细化发展。现在我国固体废物装备起步时间还不长，又面对处理对象极为复杂多变的现实问题。必须不断提高产业化、信息化水平，固体废物装备才能够逐渐实现由粗放式向精细化发展，包括产品性能质量的稳定性、可靠性和标准化程度等。以装备标准化模型研究开发为例，针对常见的破碎机或处理设备，可以形成供行业借鉴参考的公版模型，以便于产业生产制造及配套产业体系的规范化和标准化。

第四，从借鉴参考装备到逐步形成固体废物利用处置行业的专业装备设计标准体系、生产体系和质量管理体系。

第五，政府和行业协会可以通过组织研究装备制造产业高质量发展的顶层设计，制定出台区域产业技术发展规划和节能环保产业发展专项规划，在加强对行业引导和规范的同时，政府需要制定有利于循环经济、固体废物资源化产业发展的鼓励和保障性产业政策，确保政策落地见效。

参考文献

[1] 席德立 . 无废工艺：工业发展新模式 [M]. 北京 : 清华大学出版社 , 1990.

[2] 肖泉 , 王娜 , 陈朝东 . 清洁生产与循环经济知识问答 [M]. 北京 : 化学工业出版社 , 2006.

[3] 郭显锋 . 清洁生产知识问答 [M]. 北京 : 中国环境科学出版社 , 2007.

[4] 李素芹 . 工业生态实用技术知识问答 [M]. 北京 : 冶金工业出版社 , 2010.

[5] 环境保护部科技标准司 , 中国环境科学学会 . 城市生活垃圾处理知识问答 [M]. 北京 : 中国环境科学出版社 , 2012.

[6] 环境保护部科技标准司 , 中国环境科学学会 . 固体废物管理与资源化知识问答 [M]. 北京 : 中国环境出版社 , 2015.

[7] 环境保护部科技标准司 , 中国环境科学学会 . 危险废物污染防治知识问答 [M]. 北京 : 中国环境出版社 , 2017.

[8] “赴天津与荆门调研中国城市矿产的现状与未来”支队 . 城矿之路 [M]. 北京 : 中国环境出版社 , 2017.

[9] 萧嘉欣 . 无废：城市可持续设计探索 [M]. 北京 : 中国建筑工业出版社 , 2019.

[10] 温宗国，等 . 无废城市：理论、规划与实践 [M]. 北京 : 科学出版社 , 2020.

[11] 生态环境部固体废物与化学品司，巴塞尔公约亚太区域中心 . 无废城市建设：模式探索与案例 [M]. 北京 : 科学出版社 . 2021.

[12] 生态环境部固体废物与化学品管理技术中心，刘国正，胡华龙，陈瑛 . “无废城市”建设的探索与实践 [M]. 北京 : 中国环境出版集团 , 2022.